薛永祺院士

薛永祺，红外和遥感技术专家。1937年1月11日生于江苏省常熟县（现为张家港市）。1959年毕业于华东师范大学物理系。中国科学院上海技术物理研究所研究员。1999年当选为中国科学院院士。

从事多光谱和成像光谱技术研究，为我国建立机载实用遥感系统提供了多种先进的遥感手段，并推动了我国遥感技术的应用。先后研制成功多光谱扫描仪、成像光谱仪、超光谱成像仪。在航空遥感器应用于水文、地质、考古、环境污染监测等方面取得显著效果。开拓三维成像遥感新技术，提出将扫描光谱成像和激光扫描测距一体化，实现无地面控制点快速生成数字地面高程模型和地学编码图像，特别适用于滩涂、沙漠、草原、岛屿等交通困难地域。

① 2016年5月，参加中国科学院第十八次院士大会合影（二排右十：薛永祺）
② 2019年9月，获得"庆祝中华人民共和国成立70周年"纪念章
③ 获奖证书1
④ 获奖证书2

① ②　③
　　④

① 1999年，与同事合影（左四：薛永祺）
② 2005年10月，出口马来西亚成像光谱仪培训班结业典礼（前排左三：薛永祺）
③ 1999年，向视察上海技物所的白春礼院长（中）汇报科研项目情况
④ 2019年，与中科院上海电子学研究所10位老同事小聚（右六：薛永祺）

① 1991年4月，"第一届成像光谱技术与应用学术交流会"后于扬州瘦西湖合影（右一：薛永祺；右二：匡定波；右三：王建宇）
② 2018年5月，与老师匡定波院士（左）、学生王建宇院士合影
③ 与指导的博士后胡以华在北京合影
④ 上海技物所三代院士同辉（前排右起：薛永祺、匡定波、王建宇）

① 2016年12月30日，获聘复旦大学医学院特聘专家（左二：薛永祺）
② 2016年9月，参加上海市虹口区院士工作站揭牌仪式（右二：薛永祺）
③ 2015年11月8日，参加上海科普杰出人物奖颁奖典礼（右二：薛永祺）
④ 2014年9月，参加第二届苏州市青少年科技创新市长奖颁奖典礼，为获奖者颁奖（左五：薛永祺）
⑤ 2018年6月，参加院士专家科普顾问委员会授证仪式（左四：薛永祺）

①	②
③	④
⑤	

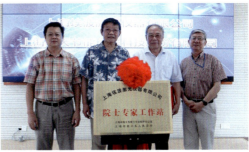

① 2015年11月20日，在普陀区太敬机器人科技文化体验馆参加小学生对话中国院士活动
② 2017年5月19日，参加上海科技节
③ 2017年8月，在上海虹口图书馆作《天眼看地球》科普报告
④ 2016年12月5日，在久隆模范中学做科普讲座时，学生为薛永祺献花戴红领巾

① 2007年1月8日，上海技物所举办"庆贺薛永祺院士七十华诞暨学术报告会"
② 2017年1月11日，上海技物所举办"薛永祺院士学术思想研讨暨80华诞学术报告会"
③ 2010年9月1日，在上海技物所举办的"匡定波院士八十华诞庆贺会暨学术报告会"上发言
④ 2006年10月24日，与上海技物所第二研究室毕业的研究生合影

① 2018年10月，参加中国科学院空间主动光电技术重点实验室2018年度学术委员会会议（左二：薛永祺）
② 2012年5月15日，参加上海技物所嘉定园区开工典礼（左一：薛永祺）
③ 2014年7月，上海技物所科学技术委员会成员合影（前排左三：薛永祺）
④ 2010年5月18日，在上海技物所召开学术交流会合影（一排左十：薛永祺）

① 2017年9月，参加成像光谱研讨会后于哈尔滨国家森林公园合影（左八：薛永祺）
② 2006年11月20日，在宁波大学"名家系列讲座"上作报告
③ 2015年7月14日，在"全国影像与视频侦查技术高端论坛暨视频侦查技术培训班"作学术报告
④ 2019年4月25，在常熟院士林种树

① 2021年5月15日，参加张家港市科普周活动（右：薛永祺）
② 2018年9月18日，"院士家乡行"时参观张青莲事迹陈列馆（右三：薛永祺）
③ 2021年5月15日，为母校沙洲中学题词（右三：薛永祺）
④ 2003年，参加宁波大学曹光彪信息楼落成典礼，与学院领导合影（左四：薛永祺）

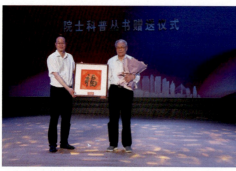

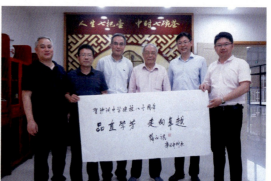

① 2006年11月15日，担任上海技物所运动会评委时向运动员致意（右五：薛永祺）
② 2017年10月，与采集组成员在母校沙洲中学合影（左四：薛永祺）
③ 2021年5月17日，为家乡张家港青少年社会实践基地题词（右三：薛永祺）
④ 2019年5月18日，为梁丰中学题词
⑤ 2011年11月4日，参加上海技物所工会组织的赴井冈山红色游（后排右十一：薛永祺）

① 2006年，参加"第六届成像光谱技术与应用研讨会"（前排右五：薛永祺；右六：匡定波；右七：童庆禧）
② 2016年8月，陆卫主任向薛永祺颁发名誉主任证书
③ 2014年5月，时任太仓市长杜小刚（中）向空间遥感专业委员会赠送纪念品（左：薛永祺；右：童庆禧）
④ 2014年10月，海南发射场合影（二排右九：薛永祺）

①	
②	③
④	

① 1987年，与童庆禧（左）在新加坡航展上留影
② 1985年7月，在美国采购中国科学院遥感飞机时留影（右一：薛永祺；右二：童庆禧）
③ 2003年10月，访问美国桑纳夫公司（右二：薛永祺）
④ 2006年，访问萨里大学（右三：薛永祺；右五：童庆禧）

① 2021年10月17日，参加华师大七十周年校庆（左起：薛永祺、匡定波、童庆禧）
② 2007年7月，在北京一号小卫星对地观测遥感器前与童庆禧（左）合影
③ 2019年6月9日，在学术沙龙与匡定波（左）交谈
④ 在玉龙雪山下合影（左起：薛永祺、匡定波、童庆禧）

① 薛永祺夫妇在澳门科学馆
② 2013年5月14日，在香山饭店留影
③ 薛永祺夫妇在南通长江边
④ 2013年8月，参观"2013上海国际科学与艺术展"，与其摄影作品合影

① 全家福
② 薛永祺夫妇在海南岛
③ 薛永祺夫妇在外滩
④ 与兄弟姐妹们在老家前合影

遥感探山海

——薛永祺先生学术成长记

薛永祺学术成长资料采集组　编著

科学出版社

北京

图书在版编目（CIP）数据

遥感探山海：薛永祺先生学术成长记 / 薛永祺学术成长资料采集组编著. —北京：科学出版社，2022.1
 ISBN 978-7-03-071190-8

Ⅰ. ①遥… Ⅱ. ①薛… Ⅲ. ①遥感技术－应用－文集 Ⅳ. ①TP79-53

中国版本图书馆 CIP 数据核字（2021）第 267767 号

责任编辑：潘志坚　徐杨峰 / 责任校对：谭宏宇
责任印制：苏铁锁 / 封面设计：殷　靓

科学出版社 出版
北京东黄城根北街 16 号
邮政编码：100717
http://www.sciencep.com

北京凌奇印刷有限责任公司 印刷
科学出版社发行　各地新华书店经销

*

2022 年 1 月第　一　版　　开本：B5（720×1000）
2022 年 1 月第一次印刷　　印张：9 3/4　插页：8
字数：142 000
POD定价：98.00 元
（如有印装质量问题，我社负责调换）

薛永祺学术成长资料采集组

组　　长　舒　嵘
副 组 长　何志平　杨一德
组　　员　江世亮　段竹莹　任　远　沈余平
　　　　　张其帅　虞慧娴　亓洪兴　赵淑华
　　　　　薛　萍　林青荻

序

《遥感探山海——薛永祺先生学术成长记》出版了，我表示衷心的祝贺。

我于1984年考入中国科学院上海技术物理研究所，师从薛永祺先生，开始我在光电技术领域的科研生涯，1987年我获得硕士学位，恰逢薛老师成为博士研究生导师，我有幸又成为了薛老师的第一位博士研究生；1990年，我在薛老师的精心指导下，获得了博士学位，随即留所工作，继续追随薛老师从事光电遥感技术的研究。从成为薛老师的学生至今，我已在这个领域工作了三十七个春秋，作为我几十年科研工作的指导者、引领者和支持者，薛老师的许多科研思想和为人准则对我的人生产生了深远的影响。

"作为研究生，做的事情一定不是教科书里有的，一定要做别人没有做过的。"这是薛老师对我们研究生提出的要求。他认为研究生不同于一般的科研人员，课题组不能把研究生当劳动力使用。他给予研究生充分宽松的环境，研究生可以做自己想做的研究，但要求研究生必须要做出创新性的工作才可毕业。

"成功就在坚持一下的努力之中。"这是薛老师对他的课题组成员和学生们经常说的一句话。科学研究，特别是做前人没做过的事情，必定是一路荆棘。能否成功，不但要考验你的智商，更要考验你的毅力。很多时候，科研攻关中最艰难的时刻，可能就是成功的前夕，只有坚持不断克服困难的人，才能走到科研的最高峰。薛老师的这一观点，帮助我们这些年轻人取得了一个又一个科研成果。

"要么不做，要做就做最好的。"这是薛老师对做好国家重大科研任务的态度，也是他在科研生涯中对自己的要求。20世纪80至

90年代，我们的科研条件与发达国家相比有很大的差距，但这并没有成为薛老师降低科研工作要求的借口。从"六五"国家重点科技攻关计划项目，到20世纪90年代承担的国家高技术研究发展计划（863计划）重大项目，我们团队都是超越任务指标要求，完成了一项又一项国家重大科研任务。

薛先生的科研思想带领我们这个团队完成了多项国际一流的科研成果。特别是在很多基础科研条件和国际上有很大差距的情况下，我们依然研制出了多个可与国际上最先进的设备相媲美的机载光电遥感仪器，这些成果不但在国内的遥感应用中发挥了重要作用，而且美国、日本、澳大利亚、法国等发达国家也多次选用我们的机载遥感仪器，到他们的国家开展各种遥感试验。我们研制的机载成像光谱仪还实现了高技术产品的出口。

薛先生在他的科研生涯中，培养了一大批硕士和博士研究生，为我国的人才培养做出了卓著的奉献。在他的指导和引领下，他的学生也在近十多年的科研工作中，获得了一个又一个新成果，攀登了一座又一座科学新高峰。其中包括我国第一台空间应用的激光高度计和系列化的空间激光遥感载荷；第一台用于环境卫星的红外相机和多台星载成像光谱系统；为国际首颗量子科学实验卫星"墨子号"研制了载荷系统，实现多项国际第一次的星地量子通信科学试验。

"做人、做事、做学问"，薛先生在他长久的科研生涯中，不但给我们留下了丰富的科研成果，还为我们树立了如何做人、如何做事、如何做好科研工作的榜样。

是为序。

于2021年12月

引言

薛永祺先生是我国著名红外和遥感技术专家,从事航空红外及多光谱遥感技术研究,解决了红外多光谱扫描成像、图像信号处理与记录、光机电系统设计等关键技术,为我国航空遥感技术跻身国际先进行列作出了重要贡献;先后研制成功多光谱扫描仪、成像光谱仪、超光谱成像仪等一系列实用的先进遥感仪器,为我国机载遥感实用系统的建立提供了多种先进的遥感手段;与我国地学界研究人员密切合作,积极推动、组织和参与航空遥感技术在国民经济中的应用,在水文、地质、森林探火、考古和环境污染监测等方面取得显著效果,广泛地进行航空遥感观测,获取了大量数据资料,取得了显著的经济效益和社会效益;开拓三维成像遥感新技术,将扫描光谱成像和激光扫描测距一体化、实现无地面控制点快速生成数字地面高程模型(DEM)和地学编码图像,特别适用于滩涂、沙漠、草原、岛屿等交通困难地区,是一种实时、高效的新型遥感系统。

薛永祺先生在主持遥感技术发展的同时,先后与瑞典、丹麦、苏联、澳大利亚、美国、意大利、马来西亚、日本等多国开展合作,积极推进研究成果的商品化和开拓应用,形成了航空光电遥感新的技术应用特色,并使之在国际上有了一席之地。

薛永祺先生一直热心并积极参与各类科学普及活动,是上海市乃至长三角地区享有美誉的资深科普专家。他每年为学生、市民做近10场报告。2015年,荣获上海市科普教育创新奖杰出人物奖。2017年,被上海市科学技术委员会、教育委员会聘为全市青少年科学创新实践工作站特聘专家。

薛先生常说,"要清清白白做人,认认真

真做事，老老实实做学问"。他坚持"做人"要尊重别人、要依靠集体，科研工作是团队作战要共进退；他坚信"劳动出智慧"，一直肯动手，爱动手；他坚定"成功就在坚持一下的努力之中"。

  近年来，薛永祺先生积极参与地方建设，退下科研一线后仍旧持续发光发热，多方面地为遥感技术和应用领域乃至惠及民生等提供科技服务。

  愿读者能从薛永祺先生的学术成长经历中，感悟他的坚强与执著、智慧与担当，并能有所启迪。

薛永祺学术成长资料采集组

于2021年仲夏

目 录

第一章　江畔好儿郎 / 2

1. 波起与波安 / 2
2. 父亲的冒险 / 4
3. 求学中的微光 / 7
4. 放弃与选择 / 11
5. 非技术不娱乐 / 13

第二章　科研生涯起步 / 18

1. 仿制"海王星" / 18
2. 入职上海电子所 / 20
3. 中苏联合水声考察 / 22
4. 一支迎春花：红外测向装置研发 / 26
5. 有的放矢：以红外应用为指向 / 29

第三章　苦其心志 / 32

1. 天荆地棘的冷与暖 / 32
2. 不曾荒废的专业 / 37

第四章　志凌空 / 42

1. 创举：森林探火中的航空遥感 / 42
2. 惊鸿：技术展会上的相见恨晚 / 46
3. 把脉：唐山地震观测 / 51
4. 会战：新疆矿藏探测 / 53

5. 练兵：腾冲遥感试验 / 56
6. 惊心：雷雨夜飞剑阁 / 59
7. 浮光：首见热红外图像 / 60
8. 追影：研制成像光谱仪 / 62
9. 登高：高空机载遥感实用系统 / 65
10. 创新：机载激光扫描测距——遥感成像集成制图系统 / 69

第五章　国际舞台频亮相 / 78

1. 与美国GER合作，中国遥感出国门 / 78
2. 与日本三次合作，图像历历数据佳 / 80
3. 赴苏联遥感试验，探核电站冷却水 / 83
4. 赶制成像光谱仪，赴澳出新显真章 / 86
5. 多模块成像实践，创新思想走前列 / 91
6. 海洋执法添利器，设备对接开先河 / 93
7. 中马合作多曲折，仪器出口零突破 / 97

第六章　应用可专攻 / 104

1. 医用的潜能：显微成像光谱仪 / 104
2. 格物于毫厘间：地面成像光谱仪 / 109
3. 为文物保驾护航：成像光谱仪的新延伸 / 113

第七章　服务国家，殊途同归 / 116

1. 倡建国家航空遥感科学工程 / 116
2. 参与北京一号卫星立项建设 / 120
3. 热红外探水温，助力安全措施 / 121
4. 院士工作站：乐为助推人 / 123
5. 科普的力量 / 127

附录　薛永祺先生活动年表 / 134
后记 / 144

第一章　江畔好儿郎

孟母三迁以成仁，曾父烹豚以存教。薛永祺先生之所以在年少时便已感念父母家人之爱，养成吃苦耐劳和乐于助人的开朗性格，从他的父母、他的生活环境中能找到答案。

至求学之时，薛先生笃学慎思，遇良师启智，高中便觅得物理学之逸趣，大学博取而专精，步步迈向科学殿堂。

相比一些老科学家儿时家境苦难、颠沛流离，后漂洋过海负笈求学等坎坷经历，薛先生相对安宁的成长经历或与之形成反差。但这相对普通的成长之路或许更有启发意义：那一代多数知识分子的成长之路会和薛先生相类似。这至少具有某种标本意义。

1. 波起与波安

长江以南的兆丰镇（现为张家港市乐余镇的兆丰街道），曾经属于汪洋，1925年出现了第一块围垦地。这片名不见经传的小土地，与在这片土地上诞生的人民，都以自己的方式成为了一个时代的缩影。

1937年1月11日，在兆丰一个名叫安波圩的围垦地，薛永祺出生了。

薛永祺的祖辈并非生于长江之南，而是长于长江之北的南通小海镇，此地的农作物主要是高粱和玉米，这些粗粮也是当地人的主食，相比江南，生活稍显艰苦。好在薛永祺的祖父是位雕花木匠，有手艺在身，全家可得温饱。在有了些许家底后，祖父便把两个儿子——薛永祺的父亲与大伯——送到洋学堂接受教育。两个孩子读了两年小学，成绩都不错，大伯是第一名，薛父是第二名，这两人都深谙忠厚育人、耕读传家的道理，祖父为此很是得意。只可惜好景不长，在祖母过世后，祖父悲伤得不能自已，最终因嗜酒荒废了手艺，家道由此中落，两个孩子也只能遗憾辍学。

及至薛父到了成家的年龄，经人说媒，认识了薛母。薛母一家在苏南常熟县。常熟一带当时就已达到衣食无忧的水平，家境相对富足的薛母是年25岁，在当时的农村已算大龄，故下嫁到苏北。薛父的愿景是迁居到相对富裕的苏南。世俗厘定的某些

张家港双山渡江战役纪念碑

规矩无法补偿生活的困惑，但质朴的生活愿景却能为勤劳的人们带来平和与进取。结婚前，薛父在亲戚和未来岳父一家的支持下，借钱在长江边上的安波圩买下了13亩围垦地，后来又在安波圩南边6公里外买了13亩的围垦地，两地面积总计26亩3分，有这样大面积的垦地，在当时也算是大户人家了。如此，薛父迁居到了薛母所在的常熟县落户，而薛家也算正式在苏南立足了。

薛父与薛母的婚后第二年，薛永祺出生了，他是长子，下面有三个弟弟、两个妹妹，这对务农为业的父母来说是个沉重负担。生活赋予的成熟与懂事让薛永祺在孩童的时候就已学会观察与思考。

薛永祺始终记得，抗日战争时期，日寇频繁"扫荡"乡村。每当日寇要进村了，薛母便用灶头灰烬涂脸掩去姿容。危机四伏的童年，两位表叔给薛永祺带来了懵懂的向往。这两位表叔都是共产党的地下党员。小表叔添柴火做饭时因为看《新青年》入迷了，险些

2020年夏，参观家乡乐余老街（左二：薛永祺）

酿成火灾，长辈一气之下打了他一巴掌，他也一怒之下离家找地下党去了。大表叔和薛父因为年龄相仿，关系非常好，时常向薛父普及科学知识，如鼓励薛父种植当时在农村还鲜为人知的番茄，解释早晨起早氧气充足的道理。

因两位表叔的关系，薛父时常冒着危险救助地下党员。1949年初，国民党军队要死守长江，薛家旁是个渡口，渡江的炮声不时传来，人心惶惶。在解放军渡江前，有些地下党员无处可去时便躲到薛家暂避，薛父多为照顾。年少的薛永祺几乎三天两头看见国民党军人把抓获的地下党员押赴常熟。这些残酷的场景在他心里留下了痕迹，让他对"革命""政治"这些陌生的字眼有了些许直观的感受，潜移默化地在日后的人生中时常约束自己。

蓬生麻中，不扶而直。家人们的正直与坚强，守护着薛永祺茁壮成长。

2. 父亲的冒险

谁言寸草心，报得三春晖。父亲的冒险精神、科学头脑，母亲的勤俭持家，薛永祺看在眼里，记在心里，于一言一行中秉承，尽己所能帮助父母做农活：秋收后拾掇田地里的秸秆回家当柴火；家里种棉花，便在夏天的烈日下打药水；家里种水稻，就赤脚在水稻田里拔稗子。那几年即使在外念书，每到寒暑假薛永祺也都会回家帮农。

在围垦地耕作的岁月里，文化程度不高的薛父积极吸收各类科学知识，胆大心细地不断尝试、创新、判断、决定。同是耕作，薛父种的农作物和别家的常常不同，他敢于也乐于尝试新的作物。譬如棉花，当地农家种植的棉花有两类，一类是本地棉花，一类是从西方引进的棉花。西式棉花的纤维长、产量较高，但当地人对它的习性不甚了解，也就少有人敢冒险一试。赶新潮的薛父不同，他种的棉花多是西式棉花，并在种植的过程中摸索着发现规律、利用规律。

比种西式棉花更冒险的是种薄荷。薄荷是一种可做清凉油原料的经济作物，而清凉油在当时为国家统购，市场基本不流通，因此，种植薄荷并提炼成薄荷油得到的收益，比种棉花和水稻要高出两三倍。但这首先要解决两个难题：一是要懂得提炼薄荷油的技术；二是若这一年清凉油的库存较多，国家便不会再收购薄荷油，那么该年薄荷种植户就没有了收益。

技术要求划下了界限，不确定性带来了风险。薛父欣然接受挑战。

骨子里"闯一下、赌一把"的冒险精神固然促成了创新与尝试，但做铺垫的仍是深思熟虑：若是上一年家里的粮食储存足够全家一年的生计，薛父才会冒险，而他既然做了决定便倾囊而出，把所有的地都种上薄荷，同时他也做好了颗粒无收的准备。

若这一年确定种薄荷了，薛父过了春节就会准备好提炼薄荷油的一套设备。这套提炼设备的主体是一口大铁锅，大约直径3米、深2米，配有一个可密封的盖子，盖子中心有一孔连接管道通向一个和锅等大的木桶，桶里盛着凉水，如此便形成了一套简易的冷凝装置。管道里流出的油水混合物蒸汽冷凝后油水分离，就可得到薄荷油。这个过程需要很多水，彼时的农村没有自来水，薛父就在河

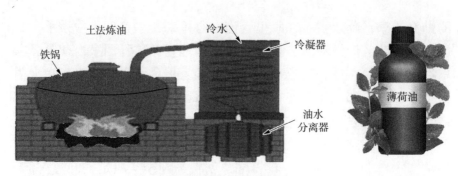

提炼薄荷油装置示意图

边挖一个坑,架一些砖,砌了一个简易的炉子,在上面支起锅,下面烧柴。

薄荷茎叶割下来以后通常就把根留在那里,来年繁殖用,亦可卖钱。叶子和茎秆放到锅内至三分之二处时加水,近满时盖上锅盖,并在四面用螺丝拧紧加以密封。大概烧七八个小时后薄荷和水就蒸发为100摄氏度的油水蒸气,通过管道进入大木桶,冷凝、分离后就得到薄荷油。

尽管那时只有十几岁,身为长子的薛永祺会帮着父亲一起炼薄荷油。薛永祺记得,一亩地的薄荷最终提炼出的薄荷油只有一两斤,产量不高,所以父亲就像宝贝一样把薄荷油藏起来,家人都不知道藏在哪里。假如当年收购价太低,薛父便收好不卖,等来年价格提升了再拿出来卖掉。这一擅于经营的意识对薛永祺也颇有影响。

不种薄荷的大部分年份里,薛父都是种水稻,种水稻需要很多水,当地农家大多人力踩水车取水。薛家的26亩地分了两个地方,把水从河里面引到田里需要花费颇多人力。尽管没有继承祖父雕花手艺,但是薛父对木工活还是了然于胸的。他请人造了一个很大的风车,用风力来汲水灌溉水稻地。没有风的时候还得请人工踩水车,四人踩水车是强度非常大的劳力活,薛永祺也干过,一天踩下来脚底全是水泡,疼得寸步难行。

兆丰地区是围垦围出来的,持有围垦地的有识人士思量打造一条商业街,建这样一个镇,划了一块地规划好后招标拍卖。薛父就和其妹夫两人在东西向的街上各购买了三个门面的地,准备在那里

薛永祺父亲在兆丰建造的三间房

三间房的门牌号

造房开店。造房子的木材是薛家到浙江的山里雇人采伐回来的，到山里面选好材后先要请人伐木，采伐的毛木料一根根扎成木排，经由水路运输过来。就这样前后历时三个月，造六间房的木料从几百公里外的山上运了过来。薛永祺事后听姑父和父亲聊天时提到：在木排水运来时，因水流控制不好，把河里的桥撞坏了，因此赔了人家一座桥，这一路很不容易。但这些都不能阻挡薛父要建设这个家的决心。最终，薛家不仅在农村里面有房子，并且在兆丰镇上建了三间房，这三间房现在还在。

总之，在孩时的薛永祺眼里，父亲在农业生产上总是积极学习新知识、吸收新技术，而且敢于冒险，是个爱动脑筋又富有动手能力的农民。遗传的力量是强大的，薛永祺日后令人印象深刻的动手实践能力，敢试敢闯、另辟蹊径的创新能力，或都能从其儿时的生活环境，特别是父亲的言传身教中找到关联。

3. 求学中的微光

彼时，常熟县（现张家港市）虽然社会安宁、生活小康，但乡里孩子念书的风气不盛，大多念完小学能够识字、记账，父母就让孩子参加农活了，尤其是男孩保有子承父业的传统。但是薛父从来就没有对薛永祺说过"不要念书了"，而是抱着"只要儿子能念下去，卖地也要供儿子念书"的决心。读书使薛永祺知晓了许多乡村见闻不到的新鲜东西，生活虽然艰苦，但总感到其乐无穷！如此，

2016年夏在母校校门口

薛永祺从入学后就一直没有中断过学习。

早期围垦造田的兆丰地区没有学校，父母就让他寄住在三姨妈家，与姨兄一起就读于附近的泗兴小学。读了一年后，薛永祺住回了自己家，从家走到泗兴小学要走一个多小时，且路上多凶狗，少年的薛永祺就跟着邻居一位高年级的师兄一起走，酷暑寒冬、风霜雨雪，都阻挡不住他求知的脚步。薛母为了薛永祺能多睡一会儿，每天天不亮就起来准备他的午饭，将一切安排好后才叫醒他。午饭通常放在一个竹子编的小箩篓里，一个碗盛饭，另一小碗里盛一点咸菜、黄瓜，偶尔会有鸡蛋或咸蛋，中午可以在学校里的炉灶上蒸一蒸、热一热。遇到放学时下大雨的情况，薛父就停下农活来路上接薛永祺。家校之间只有一条泥土路，没有雨鞋的薛父便赤脚行走。回忆起这一段时光，薛永祺潸然泪下，感念薛父、薛母的爱子情深。到了薛永祺五年级的时候，离薛家近的兆丰小学开办了，薛永祺便转到了那里。

薛永祺小学毕业前后，正是薛家忙着两地农作之时。当父母带着弟妹去远地耕作时，薛永祺就自己照顾自己。这时，父母已无暇顾及这位小学毕业的大儿子的求学事。小学毕业当年因为水灾，临近中学招生考试，一心想着要念书的薛永祺不知报考哪所中学，于是跑到三姨妈家，和同样面临升初中读书问题的姨表兄商量，二人便亲自去了中学询问,最后都报了崇实中学,这是所私立学校,离家很远,除了住读和步行,当时农村的交通工具就是自行车。

1949年秋,薛永祺开始念初中。他至今记得父亲送他到中学的情景:父亲推着独轮车,载着铺盖、几袋谷子就和他一起去学校了。这个学校的老师大部分是常熟县城里人,数学、外语、语文等老师都是大学毕业的热血青年,教书、育人非常认真。

而这一年正好跨了新旧两个时代。此时有两件事让已经懂事的薛永祺再次感受到了强烈的对比。解放军渡江前夕,国民党撤退的时候抓了一大批壮丁,兆丰镇也受到了波及,薛家姑父雇的一个店员被抓去挑子弹、挑地雷,有好多这样的年轻人被迫离开了家乡,被强行送去了台湾。薛永祺的三姨夫也被抓了起来,幸好他从小道里面逃走了,往农田庄稼里一钻,逃过一劫。与此对比的是渡江后的第二天一早,薛家人打开门一看:所有的解放军战士都睡在马路边,真正做到不进家门不扰民。类似场景以后被广泛述说,但是亲身经历的薛永祺体会更深。从两位地下党员表叔的言行中,从对解放军、对共产党的所见所闻中,薛永祺真切感受到了共产党人的优

渡江战役登陆纪念碑

渡江后夜不入户的解放军战士露宿街头

29军55师在双山和长山登陆

1949年4月21日,百万雄师横渡长江,揭开了解放全中国的帷幕!

秀品质和革命精神。这些经历也使薛永祺在中学里、大学里都积极上进，高中时他是班长，担任过团支部书记，还担任过常熟县学联的副主席。

高中时的薛永祺

高中阶段，薛永祺的成绩一直名列前茅，参与的课外活动也很丰富，喜欢打篮球，参加校际比赛，很是活跃。同时，薛永祺和老师、同学的情谊也很深厚。1955年，常熟县参加高考的应届高中毕业生要去苏州参加考试，班里三十几个考生一路乘船到苏州，班主任放心地将途中一切事宜交给薛永祺负责。他也乐此不疲地为大家服务，这也锻炼了他的组织才干和办事能力。

谈到高中阶段的学习，薛永祺在不少场合都提到他高中的物理老师蔡翰能先生的生动教学，这位学识渊博、教学有方的老师对薛永祺日后选择以物理学为毕生的专业方向起到了潜移默化的指引。薛家不是书香门第，薛父无法在专业上给子女指点。薛永祺走上物理学研究之途，就是进入高中后受到蔡老师的影响而对物理情有独钟。蔡老师能把物理学讲得引人入胜，会用通俗有趣的例子将不易理解的物理概念讲解透彻，如杠杆原理、力的作用等，薛永祺至今都还记得当时上课的场景。

1949年就读崇实中学时的陈子才校长

高中时的物理老师蔡翰能

4. 放弃与选择

勤奋好学的积极状态，当选学生干部的经历，以及家庭政治关系清楚且清白，薛永祺在高三时被学校推荐为留苏预备生。在那个年代，能去国外留学是很多人求之不得的。为了留苏做准备，组织上派人去薛永祺的家乡政审，以至于一些邻居街坊在悄悄地问薛家儿子在学校里出什么事了。薛父、薛母对自己的儿子很有信心，丝毫不理睬这些传言。当父母知道儿子真要去苏联留学时，并没有很高兴，内心十分矛盾。儿行千里母担忧，其实担忧的又岂止是母亲。录取通知要求薛永祺8月中旬到北京俄语学院留苏预备部报到，学习俄语一年打好语言基础后赴苏留学5年。很快要离别，而且此去颇久，薛家人显然没有心理准备。薛母忙碌着为儿子准备一年四季的衣服、鞋子等行装，薛永祺注意到母亲在做这一切事时没有任何异样的表现。由于路远，赴京的前一天到离出发地较近的舅父家住一夜。但到真要分别的那一刻，母亲难舍难分，大哭一场，这种骨肉分离的感受让他承受不了。

出发那天，父亲默默地准备行李，从舅父家挑着远游的行装将儿子送到鹿苑镇的轮船码头，从码头坐船去无锡，再坐火车到北京。离开码头时，令薛永祺黯然伤感的一幕发生了：即便自己已经上了船，当轮船在一声"鸣"的长鸣中离岸而行的时候，看到父亲伤感的模样，只身一人拿着扁担站在码头上不走，直等到船驶离码头渐行渐远。船上的他目睹这一切情凄意切，眼泪夺眶而出……所谓"父母在，不远游"的传统观念也时时叩击心灵。此时薛父已43岁，生活的压力在父亲身上的痕迹显而易见，但仍坚持供薛永祺念书。

农村出生的薛永祺对家人之间、父母子之间的亲情十分珍惜，对父母的谆谆教诲、含辛茹苦的培养念念不忘。正因此，薛永祺始终记着父母的不易、自己的责任。

到了北京俄语学院留苏预备部后，薛永祺才得知上一届2 000名留苏预备生最终前往苏联的只有1 000名，想到这一届可能连1 000人都去不了。初次远赴北京，因为水土不服，加上不适应北方干燥气候而感冒了，这使他愈加思念亲情的温暖，难以割舍的家乡情结终日里在他的脑海中浮沉起伏，挥之不去，加上对父母的不舍等，薛永祺遂产生了放弃留苏的想法。思之再三，他给学校人事部门打了一份报告，以出国思想准备不充分等为由委婉地提出想转学的要求。

接下来的事出乎意料地顺利，人事部门同意他的离校转学，并告诉他留苏预备生可以转国内任何大学。如此体谅学生，薛永祺十分感激。对转学他就考虑两点：一是学校最好离家近一些，二是读书最好不要有任何费用。在1955年高中毕业时，薛永祺就已知道国内理工科大学实行助学金制度和伙食自理的要求等；不收学费且不收饭钱的唯有师范类院校。一想到家里没有经济能力来支持自己念完大学，在未成为留苏预备生前，薛永祺就已打定主意求读师范。所以人事科让他择校时，薛永祺脑子里只有三所大学：华东师范大学（以下简称"华师大"）、北京师范大学、东北师范大学。而离家最近的华师大就成了首选。

薛永祺在给他的表格上填了华师大物理系。人事科的负责人当即

大学期间在华师大操场操作航模

华师大校门

华师大校园

华师大原航模操场

为常青藤学校钱学森班题词

手写了一张给华师大的便条,称薛永祺自愿到华师大物理系就读,请学校给予该生办理入学事宜;盖了章后交给薛永祺,让他凭这张条去财务科领取北京到上海的路费。于是,在北京俄语学院留苏预备部还不满一个月的薛永祺乘火车到了上海。

5. 非技术不娱乐

背负行李走出上海站,薛永祺乘坐一辆三轮车来到中山北路上的华师大。那时离新生报到已过了一个月,门卫让他自行前往校办办理手续。校办工作人员将这张便条送到时任教务长的刘佛年教授批示,薛永祺很快就办妥了入学手续。

薛永祺在华师大物理系的四年学习生涯拉开了帷幕。班里的同学大部分来自上海或其他城市,相比之下,薛永祺"土"了一点。但同学们都推选他进入物理系学生会的文艺部,主要原因是薛永祺是留苏预备生,那时的留苏预备生都是百里挑一、品学兼优的学生;此外,他虽出身农家,但却开朗自信、友爱同学。

大学四年,1956年下半年在校园的有线广播中就聆听了毛主席的《关于正确处理人民内部矛盾的问题》的政治报告,以后政治运

在车载雷达上

动接踵而来。华师大物理系的学生毕业后大多要当教师的,中学中有"综合技术教学"的课程,培养学生的动手能力,老师要先行,所以物理系设置了附属工厂等设施,让学生通过动手实践学一门手艺,包括木工、金工、无线电、美术、军事体育等。那时的无线电收音机是稀罕之物,薛永祺在大一时就喜欢上了动手制作矿石收音机,且摸索出了收听效果较好的组装方法:一个线圈搭一个矿石,配一副灵敏度较高的耳机,选择环境架设天线是重要环节。1955年在华师大就读的第一年,薛永祺就在第二学生宿舍和第三学生宿舍中间架了一个天线。通过矿石收音机,每天晚上收听新闻节目以外,还收听姚慕双、周柏春等的滑稽戏节目转播。原来只会说崇明话的薛永祺能讲一口流利的上海话,很大程度上得益于收听滑稽戏。

让薛永祺印象更深的是军事体育,它包括摩托车、射击和海军舢板三个项目。其中,海军舢板是团体活动,一组七人,一人指挥,六人划桨,在黄浦江中逆水而上、顺水而回。桨很长,对划桨人的体力要求较大,他的粗壮手臂也是得益于这项运动的锻炼。这三项军体活动,薛永祺在大一第二学期都报名参加了,其中学得最好也最有收获的是摩托车驾驶。

华师大摩托队在彼时上海高校中是仅有的,一是师范教学的需要,校摩托队沾了物理系重视技术教育的光;二是国家对师范院校的照顾政策,那时的华师大有较充足的经费用于购置车辆和聘请校外的专业教练员。尽管只是校摩托队,但学生练习和驾驶的均是正规的摩托车,甚至是1949年前留下来的英国品牌"大炮"摩托车,后来学校又陆续添置了捷克和匈牙利出产的六辆进口的新型摩托车。在校图书馆前有专属的房舍供存放与维修。

报名摩托车驾驶的先决条件是要有骑行自行车的能力，并且有规定的体现驾驶水平的路考项目。这对从小就在江南平原地区农村长大的薛永祺不是障碍，中学期间也曾以自行车为交通工具助学，因此规

华师大摩托车队（左一：薛永祺）

定的各项考试项目一次通过，马上就被录取了。由于上心学练，他的摩托车驾驶技术学得极佳，以至于训练班结业后被学校摩托队招募为教练员。薛永祺不仅摩托开得好，迷恋技术的他不久就修炼成保养和修车的能手。当时的摩托教练员允许申请机动车驾驶证，经过公安局交通总队的层层考试，薛永祺均一次通过。因此，大二时学校领导要慰问农忙下乡劳动的大学生，彼时的农村都是羊肠小道，穿梭在农田之间或房前屋后，远离能通行汽车的公路。校办要求摩托队派一位教练员送校长出行，这个重任交给了薛永祺。出发前，队长反复叮嘱他注意安全——校长坐在两轮摩托的后座到嘉定马陆乡，胆大心细、技术高超的薛永祺当了一次"首长专职司机"。摩托队每逢春节、寒暑假会组织一些摩托车的野外活动。有一次，

摩托车车技表演

摩托车车技练习

华师大和江苏师范学院组织了一次沪苏摩托车拉力活动，两人共同驾驶一辆摩托车，一前一后轮换驾驶，趣味十足。

摩托车驾驶是一项综合技能训练，不仅要求胆大、心细、反应快，还需要具有不惧挑战的意志力。这些活动不仅锻炼了薛永祺的体魄、胆魄和动手能力，还锻打了他的意志力，历练了他的人际交往能力。对薛永祺而言，只要有机会就不会错过这类技术挑战。

在2003年，69岁的薛永祺通过考试获得了中华人民共和国机动车驾驶证，学车时那娴熟的技术和熟悉交通道路行驶规则的程度，让驾校教练对这位大龄学员刮目相看。

第二章　科研生涯起步

未经实践之知识不是智慧。从华东师范大学到中国科学院（以下简称"中科院"）上海电子学研究所（以下简称"上海电子所"），再到中科院上海技术物理研究所（以下简称"上海技物所"），薛永祺努力完成每次任务，一路稳扎稳打，精进技术，步步迈向科学之高峰。

诸多科研人员满腔热血奔赴科学研究一线，以拳拳之心勇往直前。在阅读本书时，亦能看到他不断进取的决心与毅力。

1. 仿制"海王星"

1956年1月，党中央号召"向现代科学进军"。为了适应上海工业向"高精尖"发展以及满足其对科学技术的需要，1958年10月，中共上海市委决定，在中国科学院上海分院下，采取与高等学校、工业部门合作的方式，建立一批有关重点学科的研究所。如此就有了中科院上海分院与华师大共建的中科院上海电子学研究所，以及与复旦大学共建的两个研究所，分别是谢希德先生领衔的华东技术物理研究所（现为上海技物所），卢鹤绂等负责的中科院上海原子核研究所（现为中科院上海应用物理研究所）。

1958年，上海电子所建成，并以中科院电子所的学科设置为模板。最早加入上海电子所的是一批华师大物理系的青年教师，但他们只是以兼职的身份加入，因此，招兵买马、扩增队伍是该所的当务之急。而此前，共建研究所的消息传到华师大物理系，在学生中无疑激起了巨大波澜，研究所急需人手，物理系应届大学毕业生成为了主要来源。华师大把物理系学生抽出来工作,系里确定重新分班,原则上已升四年级的学生凡被选中(谓之"拔青苗")就直接参与上海电子所的科研项目。当时上海新组建的几个研究所都招了一批这样的学生员工。如此,刚升大四的薛永祺就和另外两个同学被派到位于军工路底的上海广播器材厂参加科研工作,具体任务是参与苏联"海王星"船用雷达的仿制任务。

尽管还是一名华师大的学生,但是薛永祺心里明白,不出意外的话他毕业后将被分配到上海电子所,此次是先到上海广播器材厂历练一番。薛永祺他们仿制的这个名为"海王星"的船用雷达是苏方作为合作项目提供的装置,这台雷达就放在上海广播器材厂。

上海广播器材厂属于上海仪表局,在无线电方面具有雄厚的研究基础。薛永祺这批学生刚进厂就受到该厂总工程师周恕的热情欢迎,说厂里工人居多,真正受过高等教育,特别是学过微波专业的(当时华师大的微波专业很有名)凤毛麟角,所以非常欢迎他们的到来,对他们的需求工厂给予全面配合。

仿制任务的第一步是拆分苏联提供的雷达。根据事先拟定的工作流程,薛永祺他们在任务初始阶段的主要工作是测绘画图:将雷达拆分后得到的机械零件一一画出。完成后向周恕总工程师汇报,

下乡劳动(前排左一:薛永祺)

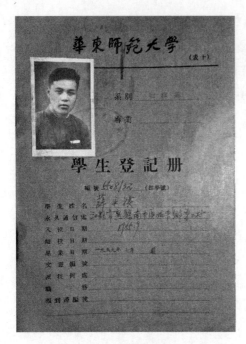

华师大学生登记册

她仔细听取后会做一番评价，并布置后续的工作。如果有不理解的问题，她还会请一些技术人员来给薛永祺他们指导。刚刚投入工作的年轻人都肯干又敢拼、努力又上进，遇到不懂的技术问题还会赶快找书本学习解惑。

回溯当时的情景，薛永祺坦言，大学四年所学知识有限，而从在厂里参加的一些工程项目中受益匪浅，做到了学用结合。所谓实践出真知，书本的知识会有局限性，通过动手才能学懂、领悟、做实。

薛永祺在上海广播器材厂实践了近一年，这一年没有读书，也没有参加考试。临近毕业，学校通知这批在厂学生，让他们和厂里商量好后抓紧时间回校补课，物理系的主要课程还要补考，系里特地为他们配了助教辅导。经过两个月的补课，薛永祺顺利通过了考试，并于1959年拿到了大学毕业证，之后便到上海电子所报到，成了上海电子所的一员。

2. 入职上海电子所

毕业前夕还有一段小插曲，当时让每个毕业生表态自己的毕业去向意愿，黑板上写着华师大物理系分配至全国各地的名额，到薛永祺表态的那一刻，他遵从初心，"从农村出来的孩子"更适合去农村，表述了自愿前往江西的意愿。

事实上，1959年的华师大物理系毕业生相当抢手。从1955年起，理工科大学都改成五年制，只有师范大学还是四年制，所以1959年也只有师范院校有物理专业的毕业生；加之"向科学进军"

的大背景以及物理专业的特点，全国各行各业都来要人，包括军队、出版社及职能机关等。

8月，学校宣布了分配的结果，24人到上海电子所工作，薛永祺便是其中之一。9月1日，薛永祺到位于华师大校内的上海电子所报到，至此，他结束了学生生涯，开始了长达六十年的科研路程。

到上海电子所报到后才过了两三天，人事处的同志就来找薛永祺谈话，表示组织上有意让他担任所长的学术秘书。所长的学术秘书相当于现在的所长助理一职。初出茅庐的薛永祺对此受宠若惊，但他是一个务实、本真的人，他认为上海电子所内的专业人员工作经验丰富，都是技术尖子，自己初来乍到，并不具备这个实力。于是，他在入职表格上写道：我在大三下学期到大四的时候，曾在上海广播器材厂参与雷达仿制工作，得到了很多锻炼，因此对技术工作非常向往，希望从事技术工作。

人事处领导了解薛永祺的意愿情况后，就将他安排到匡定波先生所在的研究室工作，而匡定波先生研究室里的另一位同事则去担任了所长的学术秘书。时任上海电子所所长是位老干部，匡定波先生是研究室主任，同时协助所长安排全所的技术工作。

就这样，薛永祺在匡定波先生的领导下开始了自己的科研工作。关于此事，除了人事处征求过薛永祺的意见，他从未对其他人谈起过，而匡先生却知道他的意愿，因此，薛永祺总是感慨匡先生是最理解他的人。

薛永祺对匡先生的尊敬、感激溢于言表，他总说自己在学术上的进步都得益于匡先生的关怀与指导，所谓"一日为师，终身为父"。其实匡、薛两位先生的年龄只相差七岁，师生之谊缘于薛永祺在华师大物理系求学之时，匡定波先生为其班级授过课；可这份师生之情，薛永祺一直铭记在心且一以贯之。

上海电子所是中科院与华师大合办的，华师大除了提供场地（上海电子所原址在华师大物理系，现已拆除）、生源，还有部分青年教授兼职科研。但双方领导很快就产生了矛盾，华师大老师想将获得的科研成果编写成教材，但当时这些成果及其背景有一定的内

大学全班同学毕业照（中间排左三：薛永祺）

部保密性，不适合入教材，于是兼职的老师渐渐失去了积极性，双方的合作也就终止了。随后，上海电子所撤离华师大校园，迁到宛平南路隔壁弄堂里的一所由外国人于1949年前创办的小学旧址中。但是薛永祺等入所的同学仍住在华师大的集体宿舍，于是每天上班，早晚乘公交车辆往返于两地，从此告别了同龄人聚集一起的校园生活。

3. 中苏联合水声考察

● 绝对保密的任务

匡定波先生领导的研究室有两个研究方向，一个是水声，一个是红外技术。薛永祺刚到研究室安顿下来不久，就接到匡先生的通知，请他准备行李，做好较长时间的出差准备，乘火车前往广州分院报到。具体的出差任务是什么，匡定波先生也不知道。

1960年1月2日，薛永祺离开上海前往广州分院报到，报到后的10天，又从广州乘军舰到海口。到了海口后，薛永祺才知道此次任务是绝对保密的，这是一次中苏联合水声考察，与家中通信时绝不能透露一丝一毫的信息。此次考察，中方的首席科学家分别由中科院电子所水声室、海军三所的科学家担任；苏联来了26位专家，大部分是苏联科学院水声学研究所里做水声研究的，其中一位首席科学家叫阿甘耶娃，此人在世界水声研究领域较有名气，一般不在现场，仅参与重大的考察分析。

不几日，中方人员就到了三亚，当时中科院电子所

1960年，在广州市文化公园

已在三亚建立了一个水声考察站，当时的所谓"建站"主要是在海边有房屋和简单的生活设施，每天都要安排人员轮流去远处用木桶为食堂挑担淡水。几天后，26位苏联专家也到了。紧接着中科院电子所组织中方参与任务者开会并分组。当时中方除了海军三所和中科院电子所，外单位共去了6人，具体是上海电子所1人，北京大学2人，南京大学2人，南京工学院1人。那时声学所还没有组建，只是中科院电子所里有声学研究室。

此次中苏联合水声考察的目标是调查水下声波的传输特性。无线电波在水介质里是无法工作的，要了解水下情况主要靠能在水下传播信号的声波。但声波在水下传播的路径受海水温度、盐度等的影响不是直线，是弯曲的，声波在水中的传播参数会不一样。也就是说，水下声波的传递会受到各种干扰，这也是水声学研究的重要内容之一。

因此，记录水下声音的来源和声音传播的频谱特性是这次考察的主要内容，海军为此提供了两艘军舰。两艘军舰一起出行后隔开

较远距离，通信靠士兵打手旗。一艘军舰按计划扔下一枚预定深度（5米或是10米等）和爆炸时间的深水炸弹，另一艘军舰上的工作人员要将声音的频率和幅度以及传过来所用的时间等都一一记录下来，以了解爆炸以后声波传递的特性。

中方参与人员的任务都是前一天晚上布置的，实验内容、人员安排、实验地点、集合时间都有严格的规定。薛永祺与中科院电子所的科研人员共同负责信号接收，用接收器接收从水下传过来的声音后用胶片记录下来。那个时候还没有磁带，更没有U盘，唯一的记录设备就是135胶片，这种胶片像电影胶卷一样转速缓慢，接收的声信号使光点偏转，偏转的幅度表征信号的强弱，这些都记录在胶片上。胶片冲洗以后呈现一条一条的图形，薛永祺他们要将具体时间值和对应的信号值一一记录下来。对从来没做过野外考察工作的薛永祺来说，一开始的难度还是不小的，因为没有学过这方面的知识，更没有见过这方面的设备。

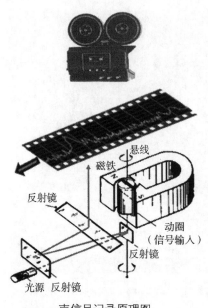

声信号记录原理图

水声实验的军舰到达南海深海区域时，浪涌像一座座小山似的压过来，许多人受不了军舰的强烈摇晃而晕船，呕吐是常事。但薛永祺适应良好，往往会提着水壶和饼干，"吃下去，为了吐出来"，这样可以保护因为没有东西吐而伤胃。薛永祺的抗晕能力很强，这要归功于他在大学期间积极参加各项体育活动的锻炼。薛永祺经受住了大海的考验，只要有实验他就跟着船出海，从未落下，经历了一次又一次野外科学试验的实地培训，终身受益。

● **13本笔记本**

在这半年中，薛永祺不仅圆满完成了中苏水声考察试验的所有任务，还尽其所能地阅读和记录下苏联专家带来的宝贵资料，整整记录了13本笔记!

这13本笔记本记录的并非此次水声考察的试验数据,而是苏方带来的32本参考资料的阅读记录,参考资料翔实记录了苏联声学研究所在苏联黑海等海域的水声实验报告,包括黑海的水声性能等。这也是中方为此次水声联合考察特地要求的,旨在培养中国的参试人员。32本资料全是俄文,且都放在保密室里,门口配有专人看管;参试人员只可以在内阅读,不能摘抄,也不能带离房间。

中方的首席科学家、领队汪德昭先生为此也嘱咐过中方人员:只许看,不许抄,也不许带出。可实际上,中方人员悄悄地做了分工,几个人负责一本,一边阅读一边记忆,出来后立即写下来,就靠这样的办法把32本参考资料一点一点地默了出来。中方人员觉得这是一次难得的机会,都如饥似渴地获取着知识,将来为我国的水声研究提供参考。

薛永祺读大学时学过俄语,阅读这些资料在语言上和专业上都没有太大的问题,稍稍加强对一些关键术语的记忆即可。认真看完一本资料后,他发现记录的内容、使用的专业名词都相似,只是实验方式、地点有差异,数据结果也不太一样。这13本笔记本中至少有10本是薛永祺默记在心,凭记忆写下来的。

回忆那段岁月,薛永祺感慨不已:年轻时候的记忆力真好,看完一页,大致的内容都可以回忆下来。通过那半年的学习实践,他对野外考察、科学考察、科学实验、数据记录等有了实际、真切的感受,得到了难得的一次学习机会和锻炼,也铭记着匡先生对他的钟爱和培养。

按规定,这些笔记本不允许由个人带回,要通过机要途径寄回。薛永祺回来后向匡定波先生汇报工作,当汇报到13本笔记本时,从不当面夸人的匡先生也难掩满意之情。上海电子所收到这些笔记本后,薛永祺得到了不少表扬。每一本笔记本都很厚,13本堆起来有一尺多高,里面记载的水声数据对我国水声研究有着重要的参考意义。之后,薛永祺详尽地向所长汇报了此次水声考察用到的设备、所需条件、具体分工安排等。巨细无遗的汇报让上海电子所领导萌发了将水声研究作为该所一个研究方向的想法。

除了13本笔记本，还有一个小故事。为了这次出差，薛永祺特意买了一块苏联产的手表，这也是他工作以来最大的一笔支出。薛永祺自读大学以后，没有向家里要过一分钱，大学期间全靠每月6元的最高级别助学金，这些钱主要用于生活和文具开支，买了肥皂、卫生纸、墨水后就所剩无几，哪怕到学校马路对面吃一碗8分钱的阳春面都是极为奢侈的。大学四年，薛永祺没有手表，没有毛衣，没有皮鞋，一直到工作后才买了第一双皮鞋（第一年为试用期，每月工资48.5元，第二年转正后为每月60元）。

当时的上海电子所，除了匡定波先生有讲师职称外，其余人员都没有技术职称。时任所长徐鑫到北京开会拿任务时发现，与其他研究所相比，上海电子所一个有专业技术职称的人员都没有。回所后，所长就开展职称工作，评定了10多人的职称，薛永祺凭借优异表现名列其中，而此时离他大学毕业仅仅一年，仍在转正期内。

上海电子所将提职称的名单报到中科院上海分院后很快得到了批复，匡定波先生评上副研究员，薛永祺被评为助理研究员，他也是华师大进所人员中第一批被提升的助理研究员之一。当时，职称与工资并不挂钩，在那个要求做"永不生锈的螺丝钉"年代，也没有人敢于公开追求职称。研究院所专业技术人员的职称普遍较低。1961年底，上海电子所被撤销，匡定波先生和其研究室被并到上海技物所，匡定波先生和薛永祺成了当时该所职称最高的人。

4. 一支迎春花：红外测向装置研发

自薛永祺从海南岛回来以后，上海电子所领导还未将水声研究也作为该所的一个研究方向的想法落地。1961年底，国家经济困难，上海电子所被撤销，所有在研任务停止。

1962年1月，薛永祺随匡定波先生领导的红外技术研究室，包括科研项目"红外测向系统与硫化铅光敏器件"和11位科研人员，调整到当时位于复旦大学内的上海技物所。该项目是上海技物所承担的第一个国防军工任务，而参与这项任务的薛永祺也在自己的科研生涯中写下了浓重的一笔。

20世纪60年代初,台湾方面经常派美制P_2-V侦察机入侵大陆沿海一带,窃取我军军事通信和装备的信息。P_2-V侦察机低空性能好,装有较完善的电子对抗装置,常使我方沿海和机载电子雷达失效,严重时曾飞近石家庄。而我方使用的是苏联提供的喷气式飞机,虽然飞行速度快,当时面对狡猾的P_2-V侦察机也毫无办法。为此,有关部门找到北京电子所商议应对办法。北京电子所随即通知上海电子所共同参会商议,匡定波先生应邀前往。会上,北京电子所有专家提出:P_2-V侦察机有干扰功能,我方雷达侦察不到,为此我方关闭雷达发射,仅接收它的干扰信号,从而定准目标。但这一方案并不可行,因为P_2-V侦察机的干扰方式称"积极干扰",我方的雷达关了,P_2-V侦察机会自动关了干扰信号,我方依然侦察不到。于是,匡先生在会上提出:飞机在飞行中会有能量喷口,产生热量;只要有热量,我方就可用红外方法来探测。经方案论证,有关部门采纳了这一建议。随后,空军某部队下达了研制机载红外测向装置的任务。

研制任务方面,匡定波先生负责总体方案,薛永祺负责其中的电子学系统。电子学系统是非常关键的,获取信号并能同步转换到雷达上显示全靠电子学系统。该装置安装在飞机上原先放照相机的位置,为瞄准敌机添加了一只"红外眼睛",显示器设在驾驶舱内,显示方式为电子圆扫描图形,当红外测向装置探测到飞机时,相应的位置会亮起光点,当整个圆都亮了就表示对准了,我方飞机就能马上发起攻击。虽然还不能成像,只是一个点,但是能够探测到就解决了空军的难题,红外测向装置遂成为空军主要的反侦察探测体系的一种手段。

红外测向装置完成交付,首次试飞则是由在朝鲜战场上击落美国飞机的英雄王海亲自操刀。试飞结果表明:在飞机前方2公里内,只要有热源就可以迅速定位。首战告捷后,这种红外测向装置就被广泛安装在我方飞机上,上海技物所先后生产并交付了近二十台。不多久,台湾飞来的P_2-V侦察机被我方多次击落,打得不敢再来了。

1964年,国家科委、经委、计委主办的全国工业新产品展览会

郭沫若与全国工业新产品展览会部分工作人员合影

在北京开展,上海技物所的红外测向装置应邀参展。为了让参观者理解红外探测的原理,上海技物所专门制作了模拟运动的目标小飞机,派出了薛永祺等人负责安装,并留下了胡镇寰同志作为讲解员常驻北京承担现场演示的任务。刘少奇同志等一批国家领导人都去观展,不少军队的干部也去了,反响巨大。上海技物所因此获得了全国工业新产品展览会二等奖和两千元的奖金,这是上海技物所获得的第一项科技成果奖,所里用这笔奖金为全所员工购置了精装袖珍本《毛泽东选集》。

当时上海技物所的党总支书记兼所长韩志青同志曾用"迎春花"来形容红外测向装置:这是上海技物所红外研究的一支迎春花,春天到了,花开了,成果就来了。

薛永祺对这段经历记忆犹新。当时我国的红外技术研究刚刚起步,国外对我国实施技术封锁,我国没有任何技术资料可借鉴,没有具体技术指标可参考。研制人员急国家所急,经过不断探索,大幅提高了自力更生解决问题的能力。红外测向装置这项科研成果对上海技物所而言,是一次从过去的学科研究转向以国防新技术研究为主的转折和能力提升。对薛永祺自己而言,在海南岛的水声考察让他迈出了科研的第一步,而在匡先生指导下把红外测向装置做出来则是他第一次有了自己的科研成果，这个过程给予的锻炼使他在成长为技术专家的道路上迈出了坚实的一大步。

5. 有的放矢：以红外应用为指向

1963年12月2日，中科院数理学部在北京召开院内红外工作会议，薛永祺随匡先生前去，其主要任务是向张劲夫等中科院领导演示红外测向装置。张劲夫时任中科院党组书记，此次红外工作会议由他主持。会议的前半段主要是讨论红外工作布局，后半段则是技术讨论和演示。薛永祺将红外测向装置放在桌上，用三脚架把显示器支好，请人在10多米以外点一支烟或一支卫生香，然后走动，显示器能准确显示热源方位。整个演示过程中，张劲夫聚精会神，仔细询问细节。这一装置在全国工业新产品展览会展出以后，凡张劲夫陪同的领导参观红外测向装置时，他就亲自讲解和演示。

会议就发展红外物理与红外技术研究工作提出了建议，认为上海技物所在红外探测技术方面已有一定基础，可将中科院半导体所的锑化铟红外探测器等红外力量调集到该所，利用上海的条件，形成中科院红外应用的一个研究中心。1964年2月3日，中科院党组扩大会议物理专业会议确定了院内红外工作会议的建议，并明确上海技物所以红外技术和固体电子学方面的研究为主要发展方向。同年5月5日，中科院半导体所从事红外研究的11位科研人员和1名研究生由汤定元先生率领，调入上海技物所工作。

个人命运与国家命运紧密相连，科学家生涯与研究所的发展息息相关，随着上海技物所红外布局的明确，薛永祺的红外航空遥感研究方向也逐渐成形。

1965年4月9日，我国空军在我国南海上空击落一架美制F-4B飞机，机上装有红外雷达等先进侦察装置。这架F-4B飞机残骸捞上来后安置在北京的南苑军用机场，供国内的军方和有关科研单位考察。接到中科院的通知，匡定波、丁世昌、薛永祺三人乘火车前往北京，重点了解机上的红外雷达搜索跟踪系统。刚到北京，匡定波先生又接到中科院通知，请他立刻赶往西安，分析刚击落的U2

飞机上的红外相机。如此,丁世昌与薛永祺两人留在了北京,继续考察F-4B机载装置残骸。

5月的北京很热,薛永祺在南苑机场步行了一整天,看完F-4B飞机后已是精疲力竭;回到崇文门外的中科院招待所,当晚竟流鼻血不止。待回到上海经医院检查,发现他的肝功能指标不正常,谷丙转氨酶(GPT)指标远高出正常值。由此,薛永祺开始了一段艰难的人生。

第三章　苦其心志

在动荡的年代里，薛永祺以淡然之心踱步前行，冰霜覆身却不寒心，执着于志向与抱负，用自身的光找寻别处的暖。"天下有大勇者，猝然临之而不惊，无故加之而不怒。此其所挟持者甚大，而志甚远也。"是所谓也。

1. 天荆地棘的冷与暖

● 病中沉浮

1965年5月6日，医生查出薛永祺患有肝病，让他先休息两周。从不生病的薛永祺开始了一段相对漫长的治疗恢复期。他那时对肝病毫不知情，拿上医生开的药和病假单，从长海医院回复旦宿舍，途经五角场新华书店时买了本肝病学的书。回到所里交了病假单，带上书和一大包药，再买了一点上海食品，便返回乡下老家。

回乡时正值春夏农忙时节，集体劳动的农民们都在打谷场上给麦穗脱粒，儿子突然回家，父母很是高兴，但也感到突然，得知儿子患有肝病，就让他在家好好休息。薛母则忙碌了起来，买了蹄髈等食物，在农村朴实的观念里，生病了就要吃蹄髈增加营养。可薛永祺什么也吃不进，仔细翻阅那本肝病学的书，他发觉自己的病很严重，两周是不可能好的，要做长期打算了。两周后，药服用完了，必须再回上海复诊。薛永祺明白回到上海暂时也无法工作了，实际上那时也没有针对肝炎的特效药，这两周服用的药只是保肝的营养药。

患肝病前经人介绍，薛永祺已有了女朋友，这位后来的薛师母当时在上海科技大学校长办公室工作。当时恋爱,若一方在保密单位工作,交往对象的政治面貌要先告知单位领导。于是,薛永祺就向匡定波先生报告了此事。匡先生非常关心薛永祺,通过原上海电子所的所长,后调任上海科学技术大学副校长的老领导了解到,女方在政治上、业务上都很好,言下之意组织上没有意见。薛永祺回到上海,同薛师母说了自己患肝病的事,治愈要很久,会耽误她,还是分手吧。但薛师母说:生病就看病,总会痊愈的;因生病分手,没有这样的道理。

薛师母家人对薛永祺也非常好,得知他患了肝病,她的哥哥就多方打听,介绍薛永祺到卢湾区一位治疗肝病十分有名的个体老中医那里就诊并代为挂了号。薛永祺觉得老中医门诊挂号费贵,看了两次后就转到上海技物所劳保医院的中医第五门诊部就诊。经一段时间治疗后,薛永祺的谷丙转氨酶指标始终居高不下,医生也有点紧张,让他到龙华医院肝炎专科门诊就诊。在龙华医院门诊就诊后,薛永祺被要求住院,这时已是1965年末。薛永祺在病房里度过了元旦、春节,待了整整三个月,一直到次年的三月,指标终于正常了,医生准他出院,并嘱咐他出院后还需全休一个月,然后半天工作半天休息。

这时,"文革"开始了。薛永祺被贴了一层楼的大字报,大字报上用各种恶毒言语攻击他,有人总结了他的三条"罪状":一是反对毛泽东思想,二是攻击中朝友谊,三是调戏护士。当时所里组织学习《毛泽东选集》,而他忙于新课题"红外测距系统"的研制,需经常到图书馆查阅电子学外文杂志。在政治学习发言会上,他对照自己的实际情况发言:我碰到技术问题,首先想到的是去图书馆里查技术文献资料,而想不到从《毛泽东选集》的学习中去找答案,我要接受教育,以后要加强《毛泽东选集》的学习。他的自我批评被有心人士总结为"学毛选不如翻文献",成了他的第一条"罪状"。那时,报纸不再铺天盖地地宣传"中朝友谊牢不可破",薛永祺感到中朝友谊或许出了问题。说者无意,听者有心,薛永祺因此被认为是攻击中朝友谊,成了他的第二条"罪状"。薛永祺在龙华医院住院期间,需要隔离治疗,手巧能干的他根本闲不住，托薛师母带来剪刀、钳子、铁丝和各色尼龙丝等工具、材料，编制出各种小摆设，有自行车、手袋、小包等，受到病友们的一致好评，因此医院的护士也悄悄地请他帮忙编织个小手袋。研究室的党支部书记带领几位同事到医院探望时得知了此事，"一人画虎，三人成虎"，不久他又多了一条调戏护士的"罪状"。

面对来势汹汹的大字报，还在休息恢复期的薛永祺明白这些都是莫须有，因此十分淡定，抱定"随便你们怎么说，你们所谓的这些问题迟早会搞清楚的"的意念，安心养病。他明白自己在政治上没有任何问题，而且家庭背景清楚且清白；同时，他也做好了最坏的打算，即使被戴了"右派分子"的帽子，也会认真改造，早日摘掉帽子，不会轻生，因为自己钟爱的科研生涯才刚刚开始。

不久，"文革"进入大串联阶段，很多职工去串联，无人干活。薛永祺当时还是审查对象，没有资格去串联，成了"牛鬼蛇神劳改队"的一员。薛永祺被安排在木工间深挖思想根源写交代。当时，他的肝病已经很严重了，天气闷热，近两个小时的批斗会他一直站着，汗水直流，不仅全身衣服湿透，汗水还在脚下滴成一摊水，但他一声不吭，硬生生忍了下来。

薛永祺的肝病始终不稳定，断断续续、时好时坏。他每天在宿舍里熬一大副草药，坚持了四五年，吃的草药堆起来大概有一卡车。长期给薛永祺看病的医生实言相告，人的主要内脏得病后，药物治疗下指标的正常只是暂时的，完全康复需要四至五年，五年后不再服药且指标正常，才是痊愈了。薛永祺十分认同这位医生的话，他正是1965年查出肝病，到1970年才控制住病情，正是五年。但每逢天气变化，肝区依旧会胀痛，直至1973年，他的肝脏、脾脏等指标才全部恢复正常。

- **成家有喜**

"文革"开始的那几年是薛永祺科研生涯中最灰暗的一段时间：虽已从牛棚放出来，但还没有恢复到能正常进行科研工作的地步；身体健康方面，肝病并未痊愈，仍在康复治疗中。举步维艰的困境，薛永祺不愿累及身边人，于是他劝女友分手，不要再管他了。薛师母当时在"四清"工作队，她对政策很清楚，明白薛永祺根本不是打击的对象。薛师母的父母、哥哥嫂子也都支持他们继续交往。薛师母父亲始终相信薛永祺的为人，看他独自一人住在上海技物所位于复旦大学的第八宿舍里无人照顾，便让两位年轻人尽早结婚成家。

薛永祺与姚素珍结婚照

1967年夏天，在14平方米的集体宿舍里，这对新人走到了一起。节俭的两人只花了50元买了一张床、一个柜子，家里的大橱柜等家具是岳父给的，大舅子骑着黄鱼车把岳父家的大橱柜拉到宿舍里。结婚那天在岳父家，大舅子做了一桌菜。就这样，薛永祺成家了。他原想买些喜糖到实验室里发一发，可实验室进不去，所以也失去了分发喜糖的机会。

结婚第二年，薛永祺夫妇有了女儿后的一天，一位邻居——也是所里的同事——在五角场商场看到有卖缝纫机零件，仅一个缝纫机头，没有台面和机腿，店家说其余零件可以去淮海路缝纫机商店买。那时的一台缝纫机要130到150元，差不多是薛永祺两个月的工资，而买来缝纫机零部件自己组装大概只要花100元。薛永祺夫妇商量后，决定组装一台缝纫机。当天，薛永祺就骑自行车到五角场把缝纫机头买了回来，又马上骑车到淮海路把缝纫机台面和机腿运了回来，只花了半天的时间，一台缝纫机就组装好了。薛永祺试了试，很快就上了手。不多久，复旦第八宿舍内成家的人差不多都用上了这台组装缝纫机。

有了缝纫机后，薛永祺思考不能停留在旧衣物的修修补补上，要达到裁制新衣的水平。于是科研的技术路线发挥了旁通作用，又要走"查文献"的"老路"了，自学成才还需要缝纫裁剪方面的书。一天，已到午饭时间，有邻居得到消息说复旦书店里有缝纫裁剪的书卖。大家一听，顾不得吃饭，赶忙去复旦书店前排队买缝纫裁剪书，这件小事竟被记者作为新闻报道了。有了书，怎么裁衣、怎么缝纫都清楚明白了。那一天，买到书的薛永祺边看边乐，手舞足蹈。万事俱备，只待布料了。商店里有卖零头布，这比买整块布料便宜很多，而且颜色丰富、选择灵活。于是，有缝纫机的几位就在家里当起了业余缝纫师傅。

第八宿舍几位科技人员在家里组装缝纫机，大干缝纫活的事很快传得所里皆知。所党总支在一次讨论时也提到了这件事，说薛永祺在"文革"以前是科研大组长，是上海技物所做电路的小权威，现在有人反映他在家里面做衣服，是让他继续在家做衣服，还是到所里做课题？所里有位党委委员不相信薛永祺会做衣服，就到第八宿舍去看，一看薛永祺家里，发现到处都是衣片，大有大干一场的架势。薛永祺并不隐瞒，事实上那时他的裁剪缝纫技术已经游刃有余了，不仅会做中山装，还会做双面可脱卸的中式、西式棉袄。他女儿的衣服也都是他亲自做的，女儿坐在3路电车上穿着他做的衣服，让乘客都很羡慕。

那段时间，薛永祺白天上班调研，下班后除了看一些业务书就忙着剪裁做衣等。这种"不务正业"的缝纫时光很快告终，因为所党委讨论后决定要让薛永祺这样一类在运动中受到冲击，但查下来没有什么问题的业务骨干逐步回到科研工作中。

追忆这段岁月，薛永祺百感交集：一个人遇到磨难、处于逆

服装缝纫图书

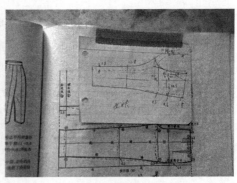
学习裁剪

境，在看不到出路的时候，如果没有一点信念，是很难扛过去的。薛永祺十分感激家人和岳父家的不离不弃，以及匡先生和所里一批同事给予的支持，身边这些温暖和人间真情支撑着他度过了最困难的时光。

2. 不曾荒废的专业

20世纪60年代末，大部分人忙于写大字报、参加各类运动。上海技物所里除了薛永祺所在的第二研究室，其他部门的科研工作都停了。

1965年1月，我军又在包头打下了一架U-2高空侦察机，上海技物所根据飞机残骸内受损的红外相机先后研制了锗掺汞探测器、航丁-41红外航空相机。1972年，空军部队从实战要求出发，提出研制低空大速度航空红外相机的意见，这个任务经上海市和中科院下达给上海技物所。此时，上海技物所遇到一件技术上的棘手事：新研制的红外探测器与提取信号的电子电路匹配问题。当时大字报揭露，薛永祺被认定为所内电路方面水平最高的技术专家，而另一位受冲击后放出来的专家翁文泉则被认定为所内半导体电路方面水平最高的技术专家。上海技物所第二研究室领导便将他们二人和一位产假后的女同志组成一个技术小组，要求查清红外探测器应用上存在的问题，并明确到底如何能够正确地使用红外探测器。

薛永祺和翁文泉受命该任务，明确目标、讨论后制订了查阅资料、分析研究和撰写报告的流程。每天一上班，两人便拿着介绍信、骑着自行车先去图书馆和情报所查阅资料，再去上海所有与半导体有关的无线电厂做调研，讨论什么样的晶体管才能适用于红外探测器的信号放大，最终基本理清了各类红外探测器电性能的区别及对信号放大电路的匹配要求。通过调研，两人对产品的性能、产地、制造商的生产能力、购买渠道等都有了头绪，不久合写了一份调研报告，对所里将来要用的红外探测器需要用什么样的半导体器件提出了建议。他们的报告很快被所里认同并达成共识，两人随后

薛永祺夫人姚素珍与女儿薛萍

向全所做了专题报告。直至今日,很多年轻科研人员依然能从这份报告中收获满满,只要涉及红外探测器的应用,要参考哪些资料和书,报告里都有详细说明。这以后,凡是薛永祺的学生,他都推荐他们看《低噪声电子学设计》这本书,这是一部讲解如何把半导体放大器件与信号源匹配的经典著作。薛永祺对他的学生强调:多数无线电电子学的理论和技术是不一样的,理论是基本概念和分析问题的基础,但是要做出一个东西需要技术支持,"做出东西"和"清楚原理"是不一样的。

那时,薛永祺从有限接触到的一些材料中得悉国际上半导体行业已进入集成电路电子时代,而他的大学时代并没有学过半导体电子学。"文革"后期,薛永祺就从图书馆里借了半导体电子学和集成电路放大方面的原版书,硬是啃了一遍,并做了详细的笔记,再自己推导一遍公式,力求把书上讲的内容学通。即使在没有太多事情可做的时候,薛永祺也没有荒废自己的专业。

薛永祺恢复了实验室工作后,希望能尽快投入业务,把损失的时间补回来。这时,一个重大需求的出现改变了薛永祺此后的人生和科研生涯。1971年大兴安岭森林大火,国务院非常重视这场火灾,1973年全国计划工作会议将"森林防火灭火的研究"列为第18项国家重点项目。上海技物所恰好承担了该项目的一部分任务。

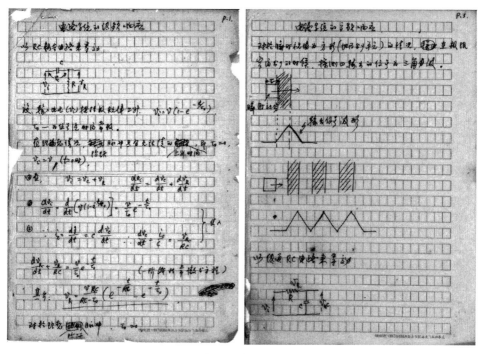

薛永祺的读书笔记

第四章　志凌空

丰厚的土壤终究会长出苍天青松。

上海技物所和薛永祺临危受命，出色地完成了大兴安岭探火任务。此后，创新不断，服务国家、服务民生的宗旨从未改变。忙碌工作中的万千艰辛自不必说，家人、朋友、团队的陪伴与支持也给予了薛永祺信心与决心。会当凌绝顶，一览众山小。

1. 创举：森林探火中的航空遥感

1971年的大兴安岭森林大火，火势凶猛异常，以致周总理发出指示，要把探火灭火作为国家重点项目，责成林业部落实。林业部就把与黑龙江大兴安岭地域有关的林火探火灭火任务交给了黑龙江省森林保护研究所，该研究所领受任务后查到了美国航空监测森林火情的一份AD报告，该报告透露美国林业部防范森林火情的做法是应用航空遥感飞机，即在飞机上安置红外3～5微米和8～12微米两个波段的专用林火探测仪，一个波段探火，另一个波段显示森林背景。进一步了解后得知国内有类似红外探测技术的就是上海技物所，于是立即派人前去寻求合作，希望上海技物所能支持提供两个波段的红外探测扫描仪。

上海技物所接下这一任务后的第一年薛永祺并没有去现场，所里先派了几人带了仿制U2红外相机的探测设备去了大兴安岭进行探火试验。这台红外相机是一个波段的，即8～14微米，红外信号的强弱转换为可见光的灯信号强弱并记录在黑白胶片上。飞机在林区上空飞行，地面人为烧火，飞机上的红外相机接收林区和火情的图像信息。飞机返航降落后，取下相机上的胶片盒，胶片冲洗后显示林区图像。8～14微米波段也被称为热红外波段，有温度差异的目标都能形成热红外图像，河道、林区的建筑设施等地物和林火都是有温度差异的，但在黑白胶片上无法分清。

森林火灾是一个世界范围的问题，每年干燥的春秋两季，遇到打雷或人为原因很容易引发林火，如果灭火不及时即造成灾害，大面积的森林被烧毁，而我国的木材资源更是弥足珍贵。在第一次试验结果不太理想的情况下，第二年春天，黑龙江森林保护研究所要求继续合作研究和试验，建议参考那份AD报告研制两波段红外相机。上海技物所科研处和第二研究室领导明确由薛永祺承担森林探火任务关键的两波段红外相机的研制任务。

"文革"中，薛永祺被免掉大组长职务后，并没有恢复任何职务，此次临危受命，实际上意味着技术上的负责人是薛永祺。他研究分析了黑龙江森林保护研究所带来的那份AD报告和在大兴安岭的试验结果后，心里就有谱了。在进一步分析U2飞机上的红外相机结构后，他发现这台相机曾考虑2个波段的方案，也许也是试验性质的，在结构上另一通道的光电转换没有使用，但仍保留在那里。薛永祺和课题组讨论时就集中在如何利用好红外相机后面的另一个通道。U2飞机上的相机记录载体是60厘米宽的黑白胶片，薛永祺提出改用红绿蓝的彩色胶片，给遥感森林背景的8～14微米波段的红外线配置一个发蓝或者发绿的灯，熊熊大火用红色的灯来记录。具体到波段，引起林火的目标温度一般在600摄氏度以上，按普朗克辐射定律计算，它的峰值波长在3～5微米波段；而森林背景为常温，即原来相机的8～14微米波段。这样，将2个波段分别用红色、蓝/绿色两种颜色记录在彩色胶片上，飞机飞经森林大火上空记录的胶片冲出后，红色的是火，蓝色或绿色的则是森林背景。

最关键的问题是如何把接收到的红外线分成两个红外波段，这个在AD报告中没有描述且国内未曾有人涉足的任务只有交给薛永祺了。红外线和可见光都有各自的滤光片，使用时入射光垂直于滤光片表面。薛永祺考虑的是如何实现进时一束光，出去时分成两束。

他带着这个问题向第八研究室做滤光片的人请教，了解了滤光片的膜系设计能让入射的光中需要的光透过，不需要的光反射或被吸收。薛永祺想到的是把反射的光也用起来，解决方案是入射光不要垂直入射滤光片的表面，这样就能实现让一束光分为两束不同波段的光的效果。这个思路得到第八研究室设计滤光片研究人员的认可。如红外线过来，原来靠滤光片可以让8～14微米波段透过，滤掉3～5微米波段，但滤掉的这个3～5微米波段的能量还在，只是让它跑到别的地方去了；把滤光片的平面位置调整到与入射光为45度后，就能实现8～14微米波段透过，3～5微米波段的反射光束与入射光束为90度方向了。这样调整过的滤光片随即被叫为分色片。如此，这一难题也解决了。

后来上海技物所做的高光谱仪分光谱也是根据这个原理，可以说在国内红外领域，从技术上、器件上实现分色效果是薛永祺和他领导的课题组开创的。那时，薛永祺不觉得外国的机器有多少了不起，外国一些成功的设备仪器也许也是这样一步步实验试出来的。

有了这样的样机并在实验成功的基础上，薛永祺带领课题组赶赴大兴安岭做现场试验。装有这个红外相机的飞机飞在3 000米的高空，地面挖一个0.3米×0.3米的坑，里面拾掇木柴来燃烧，熊熊大火起来后在边上挖一点沙把火盖灭，这样的没有明火的热量在3 000米的高空可以被探测到。做试验时航线都是规定好的，飞机飞过该地的这一刻的彩色胶片能够呈现出一点红。之后他写的报告中有这样一段表述：双波段的红外探火相机，在3 000米

薛永祺在遥感飞机上操作仪器

的高空可以探测地上0.1平方米的隐火。

巧合的是那次试验时，大兴安岭林区里正发生大火，在飞机上肉眼观察时烟雾弥漫，什么也看不见。山里人把被风吹着的火场中火势引起的现象称为火线，其在红外相机的彩色胶片上显示得清清楚楚。大型林区失火，靠人去扑火的成效微乎其微，往往最后把火灭掉还是靠下雨或人工降雨。如果天上有一团云，便可以去激发它下雨成为人工降雨。还有一种飞机里面装了水，去洒水。那次试验正逢一场大雨过后，林区方面让课题组再飞一次，飞机降落后冲洗出胶片，发现胶片上有一段像毛毛虫一样的红色条带，正是火线；根据蓝色的森林背景去实地寻找，果然找到了这处隐火。也就是说，红外遥感能探测到表面没有火但温度很高的隐火，及时识别隐火对防止死灰复燃很重要。上面提到的一段"毛毛虫"对应的地面就是600米的隐火带，这样就可以做到定点消除火灾隐患。

红外技术应用于森林探火，那时在国际上已经称不上是了不起的技术，但对当时的中国来说，能独立自主实现器件化并确实发挥作用还是非常有价值的。薛永祺及其课题组研制的森林探火红外相机移交给了黑龙江森林保护研究所，用到大兴安岭森林防火任务中，并在1978年全国科学大会上获得全国科学大会奖。

薛永祺当选为中国科学院院士，其贡献就是对我国航空遥感技术的发展做出了很多开拓性的工作，而这个开拓就是从森林火情的探测开始的。

航空遥感在国际上兴起是20世纪60年代后期，美国首先想到用飞机来做遥感探测，因为飞机作为平台具备速度快、面积大的优势。据说，当年我国跟美国建交谈判时，邓小平同志提出美国能否卖给我国一台航空遥感上应用的红外扫描仪，此事是由地质矿产部提出的；美国同意卖，但要价极高，几百万美金一套。那套设备在当时也不算很先进，是早期美国戴达拉斯企业研发的产品。可见，国外是不会给我们最新的技术和产品的。怎么办？只有自己研制。

在森林防火研究之前，上海技物所已在仿制U2飞机红外相机的基础上研制出航空红外遥感仪器，包括系统光学设计、探测器、制冷机等，但是当时红外相机主要是军用，如何把它从军用发展成民用？迈出这一步的正是1973年的森林探火。薛永祺根据森林探火任务的需要，提出把单一波段的红外相机改为两个波段的设计方案并在光学上加以实现。研制出双波段红外探火相机并成功应用于我国森林探火，这是上海技物所从军用向民用航空遥感的一个起步之作。

2. 惊鸿：技术展会上的相见恨晚

● 望向世界的一扇窗

1974年，"文革"进入后期，这时的中国已经和外面的世界开始交流了。在一些中日友好人士的努力下，北京举办了一场"日本农林水产展览会"。会上，日本第一次把遥感作为一个技术领域，向中国的科技界和公众展示遥感技术。

那时，中国科研基础较为薄弱，尽管上海技物所做了很多红外研究，中科院地理所、长春光机所等也做了不少光学研究，对航空摄影照相机有较详细的了解，但是遥感领域的仪器设备却未见过，因此这个展览在国内很有吸引力。中国国际贸易促进委员会（以下简称"中国贸促会"）作为此次展览的主办方，想透过这个展览了解世界技术发展的动向、更好地发展我国的科学技术，于是和中科院商量，在一些重要的科技领域里指定单位和人员来负责与日方进行技术座谈，而不只是参观展览。中科院请在中科院地理所从事遥感技术研究的童庆禧负责组织这一次和日本进行的技术座谈，主题就是遥感技术。

受命组织技术座谈的童庆禧时年三十多岁，他和同时代的许多科研人员一样，都想着抓住机会发展科学技术，把耽误的时间拼命补回来。他根据遥感涉及的遥感理论及概念、遥感技术及应用等几个方面，列了一个拟邀请参加座谈的科研单位名单交给中科院，列入名单的包括上海技物所、长春光机所、北京自动化所、北京工业大学（北京工学院）、西安光机所等。

展览会上，日方展出的三台仪器在当时是很有价值的。一是日本佳能公司制造的光学合成仪。这是用于分析当年美国发射的卫星拍摄相片的一种仪器，它能将眼睛看不见的多光谱进行可视化处理，并赋予其红、绿、蓝的波段，通过目视可以看到彩色或者假彩色的影像，后来技术发展了，这些影像也可以洗成相片。

二是彩色密度分割仪，所谓的"密度分割"就是数字化。彼时成像主要方式还是胶片，电荷耦合器件（CCD）和数字成像技术尚处于萌芽状态。一张黑白照片可以靠不同的灰度、密度把人的头发、嘴巴、眼睛、鼻子反映出来；彩色密度分割仪对胶片或黑白照片用摄像管摄像后，通过光电分割，将光变成电信号，电信号就成了密度等级，如此进行密度分割。任何一个密度之间会出现色差，密度分割仪将密度差别转换为颜色差别，一个密度等级给予一种色彩。判读人员的眼睛对颜色的分辨能力高于灰度分辨，不同的地面物体产生不同的密度差别转换为颜色差别以后更容易判别。

三是多光谱照相机。四台相机，每台相机带有不同的滤光片，不同的滤光片能针对不同的地物，比如，对森林、农田、水域照相后，不同颜色的滤光片下会显示不同的特征，最后拿到合成仪上进行合成，就可以按需求自由组成不同的彩色相片。

中科院对遥感技术的重视早已开始。在美国阿波罗探月计划实施后，我国认识到自身还没有足够的实力在太空与他国竞争，于是将目标定位在地球上。20世纪60年代末70年代初，在关注、研究国外科技发展动态后，中科院认为遥感是一个新的研究领域和方向，若充分发挥中科院多学科的集团优势，将在遥感领域里大有所为。此后，中科院电子所、光机所、自动化所、地理所等被组织起来共同思考中科院在这个领域应该怎么发展，最终达成共识：要研制地球资源卫星。此次展览会为中国遥感领域打开了一扇望向世界的窗。

● **志趣相投成知己**

中科院组织的参会人员都是各研究所的业务骨干，上海技物所派了薛永祺。正值"文革"期间，又是对外交流，主办方十分小心，提前一周就把参加技术座谈的人员组织到北京友谊宾馆集中学习。展览会开幕后有三位日本专家与中方对接，双方座谈式的交流持续了一个多星期。中方参加座谈的科技人员那时没有条件和机会出国，都把这次交流看成是了解世界的一个学习机会。每一次座谈后，中方参加者都进行总结交流，以便于提高对新知识、新技术的理解。

在国内航空遥感界里，中科院地理所的童庆禧、安徽光机所的章立民和上海技物所的薛永祺有"三兄弟"的美称。三人业务上各有所长，童庆禧主攻遥感数据分析和应用，章立民主攻地面测量和标准板，薛永祺主攻机载仪器。而此次展览会，正是童、薛二人的第一次见面。

童庆禧和薛永祺尽管是第一次见面，但两人一见如故。他们聊得最多的是科技领域的进展，特别是遥感科技领域，从遥感卫星、红外探测、微波探测、可见光探测，一直到美国阿波罗登月，交流从不同渠道得到的各种信息。由于年龄、科研兴趣相近，且都有想为国家科技发展做实事的心愿，这两位素昧平生的年轻人且都有相见恨晚之感，也由此开始了两位中国航空遥感界领军人物长达40余年同志加兄弟般的合作历程。

他们倾心交谈，薛永祺喜欢谈自己科研工作及相关的逸闻轶事，如怎么打下美国U2飞机，上海技物所团队怎么通过解剖美国人的红外相机了解遥感仪器、遥感技术，以及自己在研制过程中会出现的问题，特别是讲到在机场试验中的一些花絮，常常引得童庆

与童庆禧（右）在玉龙雪山

与童庆禧（右）在实验室讨论扫描仪

禧发出会心之笑。他俩还有一个共同点，在学校的时候都很活跃，薛永祺是学校摩托车运动员，童庆禧是体操运动员。当薛永祺讲到"文革"中受到一些磨难时，也有类似遭遇的童庆禧感同身受，让他觉得与薛永祺更投缘。同样，薛永祺觉得和童大哥（童庆禧长薛永祺2岁）有心心相通之感，尽管都遭受过磨难，但都能乐观对待自己，对待生活。

展览会期间，薛永祺、童庆禧等人天天都到现场，每天都和日本专家座谈。当时还有一个小插曲：几位日本专家中，一位叫西尾元充的资深专家参加过朝鲜战争，做过空中摄影，他一进来先低头向中国人道歉，说日本对中国带来过灾难。

展览会结束后，在中科院支持、童庆禧具体操作下，中科院把展览会展出设备中主要的两台仪器都买了下来。当时，参会的中方科技人员认为留下这几件关键仪器能有利于中国遥感事业的发展，童庆禧就写了一份报告给当时中科院主持科研工作的秘书长郁文。郁文详细询问为什么要留这几个、有什么好处，听完童庆禧的解释后，郁文立刻拿毛笔写了一封信给国家计划委员会（简称"国家计委"）原副主任段云，大意是：中科院根据发展的需要，希望在展览会后留下这三样东西，对我们中科院将来的发展会有利，希望国家计委给予支持，并请中国贸促会和中科院的专家到时一起跟日方谈判。郁文写完信,在信封上写上段云同志阅,就交给了童庆禧,让他到国家计委找段云。中科院离国家计委很近,童庆禧拿了信就去段云秘书的办公室,秘书递交了信,段云看了信后说:既然郁文同志说是重要的,我们一定安排。

最终童庆禧等人需要的三台仪器中的两台——光学合成仪和彩色密度分割仪留了下来。那段时间,童庆禧和薛永祺在一起谈论最多的就是日本的那些仪器,比如,光学合成仪上将近30英寸的屏幕就很有特点,从现在看,大概属于微晶结构,再加上蜡质表面处理,影像的分辨率和色彩看起来都非常好,足见佳能公司的用心。他俩对那台日方不愿意留下的多光谱照相机也做了很多分析。这种对技术的共同理解和切磋的兴趣为他们之后的合作打下了非常重要的基础。

日方技术专家走的时候还送了礼品给中方技术人员。礼品中有一台计算器,虽然现在看来十分普通,但当时它在中国很稀有。童庆禧想将其留下来还专门写了一份报告,报告说这个计算器对他们做技术研究、分析很有用。中科院外事局则回复:外宾送的礼物,小的礼物原则上不管,但计算器如此贵重的礼物,不能私下分配。

1988年10月,上海技物所建所30周年做学术报告

把一个小小的计算器视为"如此贵重的礼物",也从一个侧面反映出当时科学技术不发达。童庆禧和薛永祺每次和人谈起这个花絮都觉得既好笑,又苦涩。

在"文革"后期国门还没有打开的年代,通过在国内举办的展示国外最新科技进展的展会及相关活动,薛永祺和那一代中国科技人员看到了国外航空遥感领域进步的情况,看到了我们的差距。譬如,阿波罗登月及之前的宇宙飞船上面对地球的照相,其中就用了日本尼康的照相机。当时美国最重要的登月相机,都是特殊专门做军事侦察的,大概用的就是两个国家的相机,一个是瑞典的哈苏相机,一个是日本的尼康相机。另外,薛永祺他们也注意到,国际范围内航空遥感领域起步不久,要赶上去并非没有可能和机会。也是从那时起,他立下了赶超国际水平、走到世界航空遥感前沿的夙愿。

3. 把脉:唐山地震观测

1976年7月,位列20世纪世界地震史死亡人数第二的唐山特大地震发生后,中科院地质遥感专家接受任务对唐山地震的特点做分析,童庆禧再次受命组织队伍开展探查。地质力学专家解释地震是由于地壳运动、地球引力的释放造成的。由此出发,童庆禧想到这中间有两个非常重要的特点跟遥感有很大的关联,分别是热和光。此外,在所有被描述的现象中,有一种现象引起了他的特别关注,即地震发生时出现的一种蓝色的地光,据报道这种蓝光闪过以后有些人的身上有灼伤。

针对这个现象及效应,遥感界的老前辈陈述彭先生分析这种蓝光很可能就是地热,所谓的地光是由于板块挤压以后产生的光电现象。他随即提出可以将红外遥感作为获取更多信息、解释某些现象的重要工具和手段。

地震后地热能量已经基本释放了,但当时得到的地热影像表明,仍在释放余热的断裂带还是能够成像的,所以童庆禧及其团队希望能第一时间探明北京、天津、渤海湾一直到张家口、唐山的地质构造呈什么态势，分析这片地区的断裂构造。为此，他们用了很多早先的航空相片，甚至从美国买到一些卫星相片，想用红外线扫描技术再来验证一下这些断裂带的存在，看看还能不能捕捉到地震断裂带及地光的信息。如果能找到两者的某种关联，或许会对地震预警提供某种帮助。

童庆禧马上想到了薛永祺，此事非他不可。自日本农林水产展览会后，即使通信不便，两人仍旧保持着联系。此时，童庆禧立刻联系薛永祺，请他带一个小组携红外遥感仪器赶到北京沙河机场，乘飞机对唐山地区进行遥感探测。

薛永祺在北京沙河机场至少待了两周，因任务量大、时间紧张，便住在了机场的临时指挥部内。他全权负责整项飞行遥感探测，亲自上飞机保障技术设备的正常运行，常常是飞机飞回后第一时间就把红外影像数据提供给地理所的遥感分析组。当时的成像技术不似现在简单，需要扫描在胶片上，将一条一条的胶片冲洗后悬挂晾干，此后才成相片。即便飞行疲乏、任务繁重，薛永祺也会用自己的红外探测经验和知识为分析组的专家提供帮助。

唐山大地震现场观测，包括数据的分析、信息的采集，是童庆禧、薛永祺二人实质性合作的开端，也是二人在红外遥感数据采集分析方面的首次合作，这次合作将航空遥感首次运用到地震震后的探测。自此以后，他们的合作就一发不可收拾。紧接着的新疆矿藏

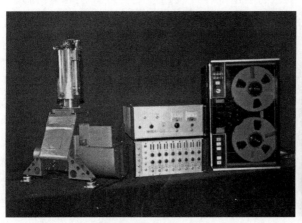
6通道红外扫描仪

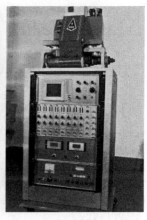
DGS-1多光谱扫描仪系统

航丁-42红外相机

航丁-42改型扫描仪

探测就是这两位航空遥感开拓者的再度合作，也是航空遥感从军用走向国民经济主战场的一个范例。

4. 会战：新疆矿藏探测

"文革"后百废待兴，国家发展工业、建筑业等都需要钢铁。可我国钢铁产量低，无法满足需求，而且我国的铁矿多为贫矿，少有富矿，唯一的富铁矿区是海南岛石碌矿区，以至于炼铁不得不掺一些辅料。探清国家矿产资源的任务在这样的大背景下提了出来。

若是依靠地质勘探者背着探测仪探矿，费时、费力、效率极低，于是国家地矿局想到借助中科院的力量。1976年，在上海举办的全国遥感会议上，国家地矿局的代表与中科院地理所童庆禧等一批研究遥感探测的专家讨论：能否将航空遥感和常规的地面探测相结合，开展综合性探矿试验？商议确定后，国家地矿局和中科院组织了"富铁矿大会战"的项目，国家对此非常重视，经国务院和中央军委同意，项目组可以使用飞机在新疆开展大范围面积的探测飞行。项目使用的仪器主要是由上海技物所薛永祺团队提供的，如此，薛永祺、童庆禧两人在新疆再度联手，开始了他们的第二次合作。

试验小组全员住在新疆吐鲁番地区的鄯善机场，童庆禧是该项目的总指挥，薛永祺是空中数据采集的总负责。尽管是总负责，可每一次飞行，薛永祺都亲自上飞机安装调试红外探测设备，跟着飞机飞行全程。有两次，童庆禧为了确保探测区域，跟着薛永祺一起飞行，亲身体验了机上的工作环境，深感他的不易：一是机内空间狭小，安装好仪器后，至多只能容纳一两人，在其间操作设备很是局促；二是非密封环境，航空遥感探测一般都在离地3 000米左右的高度，不但机内温度要比地面温度低18℃以上，气温变化强烈，而且螺旋桨飞机噪声巨大，这些让人难以忍受。为了保证探测的准确与有效，作为总负责人的薛永祺对于如此恶劣和艰辛的工作条件和环境，总是置之度外，始终坚持亲自上飞机。

遥感飞行获取的数据，是以影像、图像为基础的，所以飞行时要避免碎片化，在一定的区域内按设计好的航线多次循环，获取一个完整面积的图像。那时的遥感没有导航，没有卫星定位系统，更没有随时可以联络的移动通信设备，条件艰难，童庆禧与薛永祺商量出烧火堆引导的对接方法。童庆禧需要带一支队伍到荒漠中规划的区域内准备呈直线的四个火堆，每个火堆间距4公里。飞行员则需要依靠飞机的磁罗盘，计算飞行高度带来的地面距离误差，垂直于火堆的直线开始飞行，穿过第一个火堆2公里后转弯，垂直穿过两堆火堆的中间点，飞行2公里后再次转弯，垂直穿过第二个火堆，如此呈S形飞过四个火堆定位的区域。

方案确定后，童庆禧及其地面小队来到了规定区域，那里距离罗布泊不远，荒无人烟。他们用汽车把燃烧用的胡杨树运输到每个火堆点，准备到时点火。飞机的起飞时间点、地面上每堆火点燃的相隔时间等细节，童庆禧和薛永祺事先都已一一计算清楚。

探测方案和飞行路径设计完成，进入实地实施阶段。按约定，童庆禧守在一个火堆点，用手表计时，估计飞机到这个点的时间提前半小时开始点火。第一次试验是在9月前后，快到晚上8点，远处传来飞机声响，童庆禧等人以为飞机要飞来了，点起了火，却一直没有见到飞机；又过了一段时间，天已经完全黑了，除了点点繁星别无其他，此时的荒漠地区到了晚上气温很低，童庆禧只觉"火烤胸前暖，风吹背后寒"，一片荒凉中仍没有飞机的飞行声。囿于缺少通信设备，无法及时联系，地面小组很着急，怕飞机发生意外，但没有听到飞机坠落的声响，童庆禧坚信一定是别的原因导致薛永祺这一晚无法飞行。

第二天早上，童庆禧召集队伍继续前往荒漠坚守，第一天的胡杨木烧完了，又重新去采集了一批。这天晚上，飞机按照约定的时间来了，从晚八点一直飞到第二天凌晨，来回飞了六次，获得了一批宝贵的数据。后来，童庆禧戏称他与薛永祺在靠近罗布泊的地方创造了一个前无古人、后无来者的中国飞行模式。

之后的飞行就严格按照这样的路径节点执行了，也是一天飞六次。飞的时间充分考虑到了太阳辐射增温和太阳下降降温过程中地球表面各种地理环境的变化、热特性的变化。近沙漠地带的地表在白天太阳照了以后，温度升高，到了晚上太阳落山以后温度下降，凌晨温度最低，这个过程往复循环。承担图像数据分析的科技人员将这个一整天的过程分六次一一记录下来，这对了解不同的地物有直接的帮助，因为不同地物升温和降温的曲线是不一样的。比如，水的热容量大，相对升温降温就比较缓慢，而白天水体要比其他周围的地物要冷，晚上比其他地物要暖和，这是与其他物体不一样的特点。研究人员相信通过不同的温差情况下地物的热反应数据有可能发现潜在的矿藏藏身地。整个探测过程中，童庆禧和薛永祺一直在商量、设计、挑选最佳的研究方式。在这次前后历时三个月的新疆找矿过程中，年近四十的薛永祺扛设备、上飞机安装、调试操作都是一马当先，亲力亲为。

对找矿而言，找到就是目的，但是对中科院的这两位科学家来讲，他们想得更深一些：如果通过这样较大范围的红外航空遥感能揭示和解释不同地物的不同热量表现形式，则不仅对找矿，而且对地层结构，对地下水资源和油气资源、地热能等的储存及其表现方式就会有一些规律性的认识，这或许更重要。

这个项目得到的实验数据具有很高的科学价值。童庆禧和薛永祺在国际会议上做过几次关于中国航空遥感技术发展的报告，以及他二人联合署名发表的部分文章就选用了这次新疆找矿的数据资料。举例来说，戈壁滩经常呈现茫茫一片的干涸景观，但是在薛永祺提供的红外影像图上可以看到很多在地面看不到的细节。在干燥的戈壁滩地下一定的深度处有湿度不一的潮湿现象，被标记为某种冲积扇地貌，洪水或暴雨后，漫在地面上的水超过一定程度后会渗透地下流走，水流路径不是一大片，而是类似于血管，相当于地下有一条河道，从红外遥感图照片上就可以看到一条条非常清晰的地下河道。

新疆找矿是中国航空遥感界两位开拓者自唐山地震后的第二次合作，再加上第一次相遇的日本农林水产展览会，童庆禧和薛永祺更有一种英雄相惜之感。在技术问题上，薛永祺发现和解决影像技术方面的问题较多，而对不同地物方面的问题则是由童庆禧发现和解决更多一些，二人不仅在专业技术上互补互帮，在性格上也有互补性。在中国遥感界，两人的合作珠联璧合，传为佳话。

5. 练兵：腾冲遥感试验

1978年的云南腾冲遥感大型试验，培养了较多遥感人才，有着"中国遥感的黄埔军校"之美誉，亦体现了各界众志成城的中华崛起之意志。在这一事发偶然但结局圆满的科学试验中，上海技物所和薛永祺团队临危承担了研制关键设备——多光谱扫描仪的重任，并在不到一年的时间里完成了任务，为这次遥感试验提供了关键支持，实现了从2个波段红外扫描仪迈进到多光谱扫描仪的中国遥感技术的重要历史发展。中国遥感因为这次大练兵得到了长足的进步，而薛永祺与童庆禧的"战友加兄弟"情谊也在这次试验中再次得到升华。

1977年的冬天，访华的法国总理提出双方能否于1978年就科技合作达成一定的协议，国家科委让中科院就此提出一些项目建议。因为童庆禧在中科院此前的任务中起了关键的作用，中科院再次将重任交付于他。童庆禧在调研后了解到法国的遥感技术是一个亮点，便提出双方可以在遥感技术领域展开合作：中方选择一个合适试验区，负责地面任务；法方出仪器、飞机，因为法方的遥感飞机、装备发展得更为完善。

双方交流后，法方同意了中方的建议，中科院着手为遥感技术合作项目做准备。综合考虑多项因素后，试验地点选定在云南腾冲。不想两三个月后，法方突然单方取消了中法遥感合作项目，具体原因不做解释。中科院、国家各主管部门、空军等已做了诸多前期工作，希望通过此次合作向法方学习科学技术，突如其来的变故把一切都打乱了。中方面临两个选择：一是完全放弃这一试验；二是靠自己的力量完成这一试验。试验需要用到的多光谱扫描仪、雷达、微波等装备，中科院已经有了一部分。

何不努力一把，搏一口气。童庆禧立刻联系上海技物所和薛永祺，希望他们能将红外扫描仪在原来2个波段基础上再增加几个波段。当时，多波段的红外扫描仪在国际上也不多，技术难度可想而知。接到童庆禧的电话，面对这一箭在弦上的形势、背景及好友的期望，已是航空遥感仪器技术总体负责人的薛永祺感觉到一次重要的机会来临了，他毫不犹豫地接下了任务。薛永祺的果断给了童庆禧莫大的底气。完成腾冲遥感试验至此已是一件为中科院争气、为中国人争气的大事，但前提条件是一定要有多光谱扫描仪，没有这台仪器，整个项目就无法开展。

薛永祺临危受命，首先是出于大局意识，是为了中国科学技术的发展，急国家之所需理之当然；亦有为朋友两肋插刀的义气，因童庆禧是项目的总负责人，为挚友解燃眉之急义不容辞。一直关注红外遥感技术领域发展动向的薛永祺知道，由单一波段的扫描仪向多波段扫描仪发展是技术发展的必然，为此他早已在做一些前期预研，腾冲遥感试验正与他的想法一拍即合。1978年的八九月，上海技物所承担此任务不到一年，薛永祺课题组日夜攻关完成了多光谱扫描仪的研制，为试验提供了关键性支持。

一切准备就绪，腾冲遥感试验开始了。薛永祺和课题组参试人员带着仪器先到云南的保山机场与童庆禧会合，然后乘坐空军专为试验提供的飞机从保山机场起飞，翻越高黎贡山到达腾冲。两位此次遥感任务的组织者和技术负责人望着底下绵延起伏的横断山脉，话题自然离不开试验。两人都明白，前不久的新疆考察是以找矿为目的，而腾冲遥感试验的目标是综合性、全方位的，资源、环境等领域需求都在考察范围内，他们要对这片面积达数千平方公里、以前没有测量过的广袤地区的地质、地貌、物产等做一次大规模的探测。

从技术手段来看，上海技物所提供的9波段和6波段两台航空多光谱扫描仪包含的波段很宽，且都有配套装置，对探测包括水、森林、矿产等在内的资源环境起了至关重要的作用。尽管受制于当时的显示技术，扫描后的数据和影像不能很快看到结果，要等照片冲洗出来后才能看到，但各方团结一心，在各个环节上的配合井然有序，因此从数据影像到照片显影再到送交分析的过程大大加快。此外，腾冲试验需要将昼、夜数据进行比对，为了解决夜间导航的难题，童庆禧和薛永祺商量后决定妙法重演——地面烧火堆引导飞机。大年初一，两路人马分别从腾冲、保山坐车到怒江坝会合讨论点火的具体细节，在地图上一一标出选定的点火处。

国家对腾冲遥感试验给予了大力支持。国务院、中央军委专门下达任务，前后从空军调用了四五架飞机；当地政府部门尽已所能为试验人员提供生活所需；全国有700多人次参加了此次腾冲遥感试验。这一载入中国遥感发展史册的腾冲遥感试验从1978年10月开始，一直到第二年春节后才结束，历时近四个月。大规模、综合性的腾冲遥感试验，不但获取了大量的遥感数据和资料，实现了预定目标，同时还为中国遥感的大发展培养了一大批人才，奠定了从技术到应用的完整遥感技术实现路径，在中国遥感界起到了大培训、大集训、大播种的作用。自此以后，国内许多部门都把遥感应用作为一个发展方向。

腾冲遥感试验能成功的关键之处是上海技物所薛永祺及其团队

腾冲遥感试验飞行时在机上作业

用于腾冲飞行的9波段多光谱扫描仪

提供的多波段红外扫描仪，有了这台仪器，中国的遥感技术达到了可以和国际水平对话的水准。主办单位在腾冲遥感试验后整理出一本厚实的图集，图集的封面正是腾冲火山地区的图片，内页第二页是试验所用的遥感设备和薛永祺操作仪器的照片。后来，中科院航空遥感中心印刷的宣传册和上海技物所的介绍册中也有童庆禧、薛永祺二人在腾冲遥感试验时的照片，记录下了两人之间再度升华的友谊。

6. 惊心：雷雨夜飞剑阁

腾冲遥感试验让全国不少参与单位不仅开始对遥感有了真实了解，还从中获益匪浅。如国家海洋局通过这次试验了解到遥感对水域水情能提供诸多信息：腾冲有一个大海子水库，从遥感图像上可以看到水深的数据；对腾冲的热泉、地热的分布也做了探测，在遥感图像上看得一清二楚。核工业部早就掌握腾冲有一个铀矿，这次试验中，不同红外波段提供的数据帮助他们了解到这个铀矿的更多特点，此后根据遥感资料在铀矿区外围又发现了一些新的铀矿。

铁道部则通过中科院提出希望能够帮助他们获取四川剑阁地质条件的资料，以帮助铁路修建的布局。这项任务通过中科院下达时腾冲遥感试验已是尾声，相当于是新增加的任务，但薛永祺等人都觉得满足国家建设需要是义不容辞的，于是二话不说就承接了任务，却不想，此次夜飞剑阁行动成了一次他们终生难忘的惊心动魄之行。

是时，薛永祺携带设备和童庆禧一起从保山乘飞机飞往剑阁。出发前机长和剑阁地勤通电话，得知剑阁天气好，视野清晰得能看到星星。不料起飞不到半个小时就进入了雷雨区，天空漆黑无光。两人在飞机上分别应对突发情况，童庆禧在前面驾驶舱和机组人员一齐协调飞行路径，薛永祺在机舱后面集中精力保护仪器。滂沱大雨打向机舱，往外望去只见一片漆黑，哗哗雨声中混合着螺旋桨的轰鸣声。飞机坚持飞行了一个多小时后，暴雨仍旧不停，其间机长询问多次是否继续前行，童庆禧都说"能飞就飞"。不多久，机长报告飞机已在接近玉龙雪山。玉龙雪山高度近五千米，飞机的飞行高度为三千米，在这种视野漆黑、暴雨侵袭的情况下，飞机的罗盘稍有偏差就会撞山。如此，一行人只得返航。整个过程中，薛永祺和童庆禧都毫无怨言。颠簸之中，薛永祺淡定地确保了仪器设备的稳定正常。

由于保山机场已被雷雨所覆盖，飞机只好转向东方的祥云机场，到达时已经凌晨两三点了，两人在飞机上已待了四五个小时，下飞机后，回想刚才的经历才感到后怕，他们刚刚是在拿生命来赌。几日后再飞剑阁，全程探测正常、顺利，圆满完成了铁道部交付中科院的任务。

在以后的几十年合作生涯中，薛永祺和童庆禧还遇到了很多危险，甚至涉及生命安危，但为了共同的事业与抱负，他们不曾躲避分毫，始终积极面对。

7. 浮光：首见热红外图像

1974～1975年，中科院各研究所都积极自行争取课题。不久前的森林探火任务让上海技物所声名鹊起，所里也明确将研制多光谱扫描仪作为上海技物所下一步的研究方向之一。于是，在森林探火中表现出色的薛永祺和时任科研处处长徐如新一起前往国家计委争取来年的任务——研制多光谱扫描仪。

两人到了北京后，先后去了国家计委和中科院新技术局汇报研制8波段多光谱扫描仪的申请方案。经过一段时间的焦灼等待，上海技物所成功争取到了研制多光谱扫描仪的任务。

当时，我国对多光谱扫描仪的许多关键元器件基本上是一无所知，也无法知晓国际上的研发情况，一切要靠自己。譬如，有一类光电倍增管是可见光中必须要用到的器材，但当时有生产能力的几家国内工厂，除了在南京的工厂以外都无法正常生产。薛永祺让课题组长联系南京的厂家购买无果，便劳烦与厂家有过合作的、在南京工学院工作的表姑妈与厂家进行协商，如愿买到了光电倍增管。由于光电倍增管的面积比较大，需要一根光纤与分光计的色散谱面耦合，薛永祺多次联系生产工厂，最终也解决了加工问题。

机器完工后开始做实验，但薛永祺对能否成像并没有把握。森林探火任务中基本上是全套借鉴U2飞机的红外扫描装置，将其从1个波段升级到2个波段；而此次研制的多光谱扫描仪需要2个红外波段和6个可见光波段，是从2个波段升级到8个波段，尽管可以借鉴U2飞机上扫描仪的结构、思路，但总体部分是从零开始设计和进入实用化。但即使是第一次做试验，薛永祺不服输的韧劲让他下定了决心：单枪匹马也要做好。这是薛永祺"文革"复出后第一次独立承担任务，压力着实不小，正是烈火验真金的时候了。相比腾冲用的多光谱扫描仪，体积有所减小，波段增加。

当时薛永祺的女儿已经上托儿所了，妻子还在嘉定上班，家里经济拮据。每天早上薛永祺骑着自行车把女儿送到平仓街的托儿所，等他下班了，所有小朋友也全回家了，只有女儿一个人站在窗门口，托儿所的阿姨还要陪她，接到女儿回家后薛永祺还要做饭。既要看顾小孩，又要承担课题，薛永祺免不得内外交困，甚至焦头烂额。有一天晚上，薛永祺做完红外试验后从复旦大学后面骑自行车回第八宿舍时，困得连自行车把也把不住了，最终撞进了学校花坛里，迷迷糊糊了好一会儿才醒过来，恍然发现自己根本不在马路上。

研制多光谱扫描仪的最后阶段要在南京、马鞍山试飞，可薛永祺这方没有记录设备，国内根本就没有磁带机产品。好在那时"三兄弟"组合中的老二章立民伸出了援手，他专门从国外买了一套磁带机给薛永祺。马鞍山试验时，地面部分都是由安徽光机所组织，由章立民负责落实，飞机上仪器操作则由薛永祺承担。

马鞍山试验最重要的一环是用碲镉汞探测器作为热红外波段的接收器，对上海技物所来说，这又是一个"第一次"。在所里碲镉汞材料和器件研制工作的积极支持和配合下，薛永祺及其课题组第一次应用上海技物所自研的碲镉汞探测器获得了热红外图像。

拿到马鞍山试验图像后，薛永祺专门到在南京大学开会的汤定元先生处汇报，汤先生很关心得到这一红外图像用的探测器是光导的还是光伏的。当时，汤先生思想超前，力主用光伏的碲镉汞探测器，认为在电信号处理方面，光导器件需要在电阻负载外再加一个

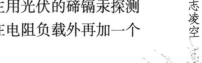

在新疆机场

偏置电压，没有办法大规模集成；而光伏能够直接产生电信号，符合未来大规模集成电路的发展趋势。但光导仍有优势，光导探测器的信号大，对于单个探测器应用时往往是首选，包括上海技物所首次得到的热红外图像也用到了光导器件。

尽管遇到一些技术的问题，但薛永祺及其团队进行的多光谱扫描仪研制是从无到有、国内第一个研制成功的；同时多光谱扫描仪上所用的接收器还是上海技物所自行研制的碲镉汞器件。此后，上海技物所在多光谱航空遥感领域从单一的目标探测发展到输出具有国际标准格式的数据探测、图像处理和分析的多功能遥感实用系统，并积极承担多次遥感应用试验，获得了良好的经济效益和社会效益。

8. 追影：研制成像光谱仪

20世纪80年代初，中国科技界与国外同行的交流开始趋于频繁。通过参加学术交流、国际学术会议及查阅文献，薛永祺已经注意到国际上光学及遥感领域的学者开始提到成像光谱仪的概念：它不仅可扫描更多波段，覆盖从可见光到整个长波红外，以看图像为主，能分辨和识别更多内容物；并且理论上它在获取被测物体图像形状的同时，获知其物质成分。这无疑对薛永祺产生强烈的震撼和吸引。就在此时，童庆禧传来一份其助手从访问学习的科罗拉多大学看到的美国喷气推进实验室（JPL）有关机载成像光谱仪（AIS）的资料——一台研制成功的红外32波段成像光谱仪。薛永祺仔细阅读资料后，明白这是国外航空遥感领域的核心技术，绝不会向中国透露。中国要走自己的航空遥感之路，必须要有自己研发核心技术的能力。从1个波段到2个波段，再到6个、9个波段，这些都已成功，在此基础上增加到32个波段乃至更多波段是完全可能的；眼下第一步是要紧紧跟踪，抓紧布局前期预研。此时正是"七五"项目立项的当口，薛永祺和发展成像光谱仪的坚定支持者童庆禧一起力主把成像光谱仪列为预研课题；同时，长春光机所也提出了类似课题。最后，国家计委同意对成像光谱仪做预研立项，并批下15万科研经费。

预研项目确定后，上海技物所研究生部给薛永祺推荐了硕士研究生王建宇，后来他成为薛永祺指导的第一位博士生（2017年当选为中国科学院院士）。薛永祺仔细研究了JPL的方案，觉得需要将其中技术原理研究透彻，而这作为研究生课题很合适，于是他把资料交给王建宇，希望他参照JPL的方案做一个机载成像光谱仪的雏形：不一定完全一样，但是功能、理念、结果、试验数据必须有；不要求非常完善，但设计思想、技术路线要科学合理。薛永祺鼓励王建宇，不单单是选取离散的波段，而是把所有光谱都采集、集合起来，往红外波段拓展，做智能化应用；即使条件困难，通过潜心研究，也可以得出有说服力的试验数据。三年硕士、两年博士的时间里，王建宇不负老师所厚望，撇开所有干扰，一心一意做研究。初期阶段，做8个波段也是很困难的，用的都是离散器件；薛永祺就提醒他现在测量器械发展很快，要立足最新的乃至将来可能有的探测器来做研究。每到关键阶段，师生都积极交流。研究需要的经费和关键器材，薛永祺都会帮助联系落实，以让王建宇能心无旁骛。

王建宇硕士毕业时拿出的预研初步结果超出预期，因此中科院资环局又下拨部分经费支持他们进一步完善。到了"七五"末期，上海技物所已经有了71波段的成像光谱仪的样机。因为有这样的储备,薛永祺才有底气拼一把在半年内做出赴澳大利亚试验用的成像光谱仪,并将其装在飞机上前往澳大利亚执行国际合作任务(详见第五章第四篇);也因为有了这五年的预研积累,到"八五"时期,成像光谱仪获正式立项,名为"模块化机载成像光谱仪(MAIS)"。

从20世纪70年代初森林探火用的2个波段的扫描仪到"八五"末期(90年代中期)接近120个波段,从多光谱扫描仪到成像光谱仪,薛永祺团队在大步流星地追赶国际先进水平:起先是红外、紫外2个波段,森林探火时也是2个波段;腾冲时是6个波段;腾冲以后、"七五"攻关后是32个波段;到"七五"末期是71个波段;到"八五"时71个波段已经实现模块化;到"八五"末期,MAIS达到120个波段,当时国外在成像光谱仪研制方面也处于起步阶段。

上海技物所研制成的MAIS在国际上颇有影响,产品被列入国际成像光谱仪目录,国际上普遍承认中国在这一领域已是一流。一次国际遥感大会特意邀请了童庆禧和薛永祺前去做报告。

从"七五"的预研项目到"八五"的模块化机载成像光谱仪,在这十多年时间里,薛永祺及其团队的技术和仪器设备都飞速发展:扫描光谱从紫外到可见/近红外、短波红外到热红外;仪器设备也从光学机械电子学一直到先进的计算机图像处理设备,系统性

1987年11月,向周光照院长汇报科研工作

参加第四届中国青年遥感辩论会

在成像光谱技术与应用研讨会上做报告

更完整。这个时候，他们的仪器水平已经在国际上占有一席之地。也因此，这段时间中他们的国际合作任务非常饱和，其中有一些还是商业性的合作，这一部分将在第五章详细叙述。

9. 登高：高空机载遥感实用系统

● 自己的遥感飞机

1983年前后，国内对遥感的需求日益增强，航空遥感成为主要选择，但我国没有自己的专用航空遥感飞机，靠空军临时调度非长久之计。经童庆禧、薛永祺等人提议，中科院根据国家经济发展和科研的需求，正式向中央提出装备中科院自己的遥感飞机的请求，具体做法是经过认证引进两架国际上技术最先进的飞机改装成遥感专用飞机（预计750万美元）。中科院为此专门在北京成立了中科院航空遥感中心，任命童庆禧为中心主任。由此，薛永祺、童庆禧这一对好搭档开始了新阶段的合作，两人在购买飞机的过程中不断论证。经比对筛选后，决定委托美国赛斯纳飞机制造厂承造两架航空遥感专用飞机。

1985年7月，薛永祺、童庆禧及一位雷达遥感的专家赴飞机制造厂确定改装方案。当时，标准飞机已经造好，这架遥感专用飞机无论飞行高度（可飞至一万三千米）、飞行速度（每小时可达800多公里）都接近民航飞机的标准，且由于密封性能好，即使飞到万米以上也不会感到呼吸困难。但两架飞机的腹部分别要安装红外扫描仪和合成孔径雷达设备，相应的位置要求空间敞开，如此，安装设备的舱位和机上人员活动的密封舱之间需要隔断以保证前后完全隔绝；同时，因扫描仪的对地窗口移动门的自动开启操作需由舱内工作人员完成，连接的电缆必须穿过隔板，故中方专家提出需要在保证设备操作的前提下确保密封性能。

在中科院遥感飞机前留影

在厂商按照我方方案开展改装时，薛永祺、童庆禧发现尾舱摆放仪器的对地窗口与飞机的一个排气口的相距很近，遂向美方技术人员提出：排气口的热气是否影响红外扫描仪的对地观测信号？美方以经验数据表示不会影响，但薛永祺坚持以试验数据证明。在中方专家的坚持下，美方不得不重新做一次风洞试验，即在飞机的每个排气口出口处周围贴上一端固定在机体表面的小布条，通过风洞试验看小布条在风吹下的气流走向，如此可排查是否有排气口出来的气流进入扫描仪的窗口内。整个试验过程美方用照片的形式发给中方专家，当看到所有的布条显示的气流走向都没有朝红外扫描仪窗口方向时，薛永祺等才放心。

飞机尾舱内（原是行李舱）安装扫描仪也是有别于其他遥感飞机的地方，尚无先例，但这是必须完成的特殊要求。为此，薛永祺等多次前往制造厂与对方专家讨论。飞机原先的空间可容纳六七人，经改装后，中方的仪器，包括仪器架，都能适宜安装。

1986年6月，这两架飞机由美国飞到中国，在中国进行最后的验收和开飞仪式后，两架飞机就交付中科院航空遥感中心。很快，这两架遥感专用飞机就在两个重要场合亮相，其中薛永祺起了关键作用。

一是1987年飞至新加坡樟宜机场参加新加坡国际航空展览，这是当时亚洲最大的航展。中科院所需的这两架飞机的改装要求，对美国赛斯纳飞机制造厂来说是第一次，具有很高的技术价值，因此展方十分重视，真诚邀请这两架最有特色的飞机装载上仪器前去参加航展，并邀请薛永祺也一同前往。

二是1990年飞至澳大利亚达尔文市开展航空遥感合作试验（详见第五章第4节），那次遥感合作试验除了首次用上上海技物所薛永祺团队研制的71波段的成像光谱仪外，另外一大特色就是中国自己派出专用的遥感专用飞机。赴澳大利亚开展的航空遥感试验取得了令双方十分满意的效果，这架遥感专用飞机功不可没。

在中方专家的智慧参与下，国家花巨额引进专用遥感飞机，这两架飞机在后续的遥感试验中充分发挥了作用，至今已使用了三十多年，且仍在使用中。

● **高空机载遥感实用系统**

中科院引进了这两架飞机以后,国家与遥感相关的攻关项目就落实在了中科院,名为"高空机载遥感实用系统"的遥感攻关项目就成了中科院牵头的"七五"重大专项(涉及70多个子项目)之一。

1983年我国从美国引进这两架飞机后,主要由上海技物所研制的机载多光谱仪器设备已接近当时的国际水平,这种专用飞机加上整套遥感仪器装备的系统在行业内被称为"高空机载遥感系统",美国、加拿大、法国是当时这方面领先的国家。20世纪80年代中,当时国家计委负责高新技术的冀主任了解了中科院引进的两架遥感飞机,结合我国几次遥感试验的情况和我国在这方面已有的能力,在国家"七五"重大专项中列了一个遥感专项,并且明确让中科院主持国家"七五"计划中的第73项攻关项目——高空机载遥感实用系统,参与单位不止上海技物所、中科院遥感所,还有中科院自动化所等中科院单位;两架飞机确定为国内航空遥感的主要飞机。

"高空机载遥感实用系统"重大攻关项目负责人是童庆禧、薛永

在成果鉴定会上做报告(左一:薛永祺;右一:郑兰芬;右二:潘德炉;右三:童庆禧)

祺和测绘科学院的杨明辉；其下有五个子项目，包括光学、微波遥感器和计算机处理等。20世纪80年代末，这个名为"高空机载遥感实用系统"的项目获得了中科院科技进步特等奖，童庆禧和薛永祺排在获奖人的第一、第二。

10. 创新：机载激光扫描测距——遥感成像集成制图系统

20世纪90年代初，国家高技术研究发展计划"863-308"专家组提出：发展我国对地观测系统的构想和规划，征集研究课题申请。中科院遥感所李树楷研究员经历我国多次遥感试验体会到：遥感技术与应用的融合、遇到问题由硬件来解决还是软件解决或共同努力，往往从互相理解不够到最终有了共同的语言以最优方案取得预想的结果，"集成"的科研道路是一条取得成功的优选途径。

"遥感"作为一种获取地球表面信息的重要技术手段，已经在国内外得到了广泛的应用和发展。实际上，在"遥感"一词出现以前，航空摄影制图早已存在，可以认为它是"遥感"的前身。地图测绘按不同的比例尺有严格的定量要求，制作出带有准确地形与经过几何纠正的图像匹配的地学编码影像数据是制作各类应用图件的基础。传统的生成地学编码影像的技术途径可以归结为两类：一是航空影像经过几何纠正和已有的地形图数字化方式（地→空定位模式）；二是立体摄影方式（空→地加地→空定位模式）。这两种途径中，主要采用基于地→空定位原理，经地面测量或从地形图与图像上选取的大量同名点作为变换和匹配的纽带。地形和编码影像是分别生成后，再进行配准是通常采用的技术方法。这种三步进行的方法，生成带有地形信息的地学编码影像存在人工劳动强度大、费用高、作业周期长等问题，也就是具有"时效性"差的缺点，且人类暂时不能到达的地方还无法进行。于是，他提出"三维信息获取与处理技术系统研制"的课题申请，发展新一代的定量化遥感系统。

"三维信息获取与处理技术系统研制"课题采用空→地直接定位模式，将成像扫描仪、激光扫描测距、平台姿态测量、GPS定位和计算机技术围绕上述三个步骤实现高程数据与正射遥感图像的复合得以准实时地一步完成的目标，集成为新型遥感信息获取与处理技术系统，要在"时效性"或"高效率"方面取得创新进展。

经过预研和评审后得到专家组的认可并立项，鉴于中科院遥感所的硬件开发能力有限，专家组建议合作承担。在预研阶段，专家组组长匡定波院士已对课题的"集成"技术路线很了解和给予了指导，并建议硬件研制由上海技物所薛永祺课题组合作承担，两所为我国航空遥感的发展早有携手并进的深情厚谊，顺理成章。

课题立项后的承担单位为中科院遥感所，李树楷为第一负责人，统筹课题的研究工作，领头技术分工为数据的软件处理；薛永祺为第二负责人，主要负责硬件系统的研制。

两个单位参与课题的人员集中，由李树楷介绍课题的研究目标、意义、关键技术和技术路线等。归纳要点为：① 空→地定位的基本公式，空间一个点的位置和有限向量已知，向量的模和方向余弦中的三个角度已知，则向量的未知端点的地理坐标即可按定位公式求得；② 空间点的位置（投影中心）由高动态GPS系统给出3个定位参数；③ 遥感系统的姿态测量装置（惯性陀螺系统）给出3个

项目试验飞行结束与李树楷（左）合影

角度参数；④扫描激光脉冲给出投影中心至地面的距离和激光束在扫描面内与主光轴的夹角。这是一个多装置按精度要求协同工作的定量化遥感集成系统。

薛永祺课题组在望远镜物方采用平面镜转动实现行扫描成像的技术，应用于红外成像和光谱成像的遥感系统已成果累累，但引入激光测距功能还是第一次，按匡定波先生的指导和要求：这个课题的关键在运动的空中平台上的遥感器获取地面像素点在大地坐标系的三维位置（平面和高程），其中，激光对地的测量点必须与成像仪的像素点对应。对从未应用过激光器的课题组，接受这样的任务，组长的压力不言而喻。

薛永祺面对任务要求、自己的知识不够，首先要树立信心，要按"实践论""矛盾论"思想为指导，分析问题和解决问题。薛永祺的常用办法：一方面查阅文献，提高自己的业务能力；另一方面引进人才。于是，想到了"遥感三兄弟"的中科院安徽光机所二哥章立民。薛永祺向他介绍了该课题的研究内容，急需要参与工作的研究生，并迅速得到了回音：在安徽光机所就读博士学位的胡以华（以王大衍先生为第一导师）愿意参加课题研究，并以机载脉冲激光扫描测距技术研究为学位论文。现役军人胡以华不负使命，以他坚实的电子学系统知识基础和踏实善干的勤奋精神，从购买地面激光测距仪的解剖分析入手，很快掌握了脉冲激光测距的关键技术，并自己设计和研制了实验系统。他参加了课题研究的全过程，他的论文获得中国科学院优秀博士论文。随后，他继续在上海技物所博士后流动站从事激光应用技术的研究，薛永祺为他的合作导师，如今的胡以华已被授予少将军衔，成为电子对抗领域的领军人才。

集成系统的组成部分必须协同工作，各部分的数据采集都是以时间顺序串行的，最终以光机扫描镜共轴的编码器为时间基准。编码器的一个码对应于对地扫描线的一个像元，激光束的对地扫描也是由成像扫描镜共同控制的，由编码器发送同步脉冲控制激光脉冲的发射，这就实现了被动成像扫描和主动激光扫描测距的一致性。只是受脉冲激光重复频率的限制，激光足印点的密度低于像素点，但其分布是均匀的。其他部分都有时间标记，最终由系统计算机按数据流分时采集和记录。

软件研究，对机载获取的各种数据通过预处理和直接解算、拟合内插、再采样等过程，实现快速生成数字高程模型（DEM）和地学编码图像。

课题组历经2年多时间的努力，完成了各项地面模拟试验，于1996年10月22～24日在北京沙河机场进行机载遥感三维直接对地定位的可行性验证飞行，运载平台为运五飞机。试验区域为北京北郊的大汤山。大汤山位于华北平原北缘、燕山脚下的北京昌平县境内的小汤山镇附近，试验区的面积约25平方公里。试验区内有孤立的低山岗、地形相对高差约120米，村庄、农田密布、地形完整。通过1∶10 000地形图的应用和利用GPS实测加密控制点，建立了试验区足够的环境背景信息。

首次飞行日秋高气爽，与项目有关的所有设备和全体成员都在机场，飞行机组和机场安排等所有工作都有序进行。时年58岁的薛永祺婉拒大家的关心，作为空中试验的总指挥，坚持亲自上机。可行性验证的重点是全系统的稳定工作，其中特别关注的是在不同飞行高度的激光测距足印点的数据采集，而且计划为航带顺序飞行，希望覆盖一定面积的作业范围。因为当时能买到适合航空工作的固体激光器的发射功率不大，经估算作用距离约1千米；预定试验计划从1.2千米高度开始飞行，由胡以华监视激光回波信号的接收质量，如果不能达到处理要求，这一高度的飞行终止，然后下降200米飞行高度重复飞行，以后类推，直到回波信号达到理想要求时，整个预定区域全部作业完成后返回机场。飞行试验结果，在高度800米时的激光回波信号已达处理要求，而在600米时则更可靠、稳定。

试验中还发生了一个小插曲。这次飞行试验按不同高度的作业区飞行时间总计约2小时，由于800米高度以上的作业时间大大减少了，比原定计划提前一个多小时返航回机场。当飞机还未滑行到停机位，李树楷已在等候。机舱门打开，未等薛永祺下机，李树楷便焦急地询问试验效果。因为按照以往的飞行试验经验，飞机提前返航是仪器不正常工作或存在其他不理想的情况。不难理解这种心情应是责任的表达，更是对成功的期望。

首次验证飞行试验，整个系统工作正常、稳定，共获取了14 015行扫描线、56 060个激光测距数据。经过直接对地定位处理及地学编码获得了大汤山的三维显示图件，验证了三维直接对地定位的可行性。

第二次飞行试验在九里山区域设计了四条航线，航带之间的重叠率为30%。获取了两小时GPS飞行数据及姿态测量数据，14 534行扫描数据、58 136个激光测距数据。

第三次飞行试验是应用户要求的大面积机载飞行和数据处理，作业地区为东胜（100平方公里，20条航线）、托克托（100平方公里，20条航线）、固阳（70平方公里，8条航线）和呼和浩特（80平方公里，21条航线），总面积约400平方公里。数据处理后，前三个试验区均提供三种图件：等高线图、地学编码影像和带有等高线的地学编码影像；呼和浩特试验区提供用于城市规划等需要的地学编码影像、DEM及建筑物高度三维透视图等。这些成果得到了用户的高度评价和有关专家的肯定。

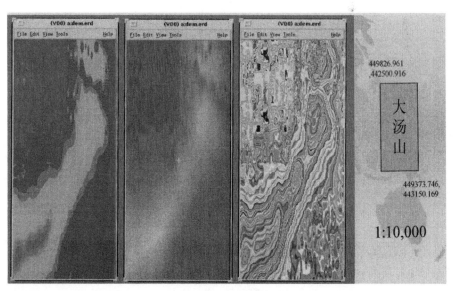

地面数字高程模型

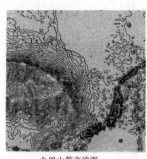  

九里山等高线图　　　　　九里山地学编码影像与等高线叠加结果　　　　　九里山地学编码影像图

机载扫描式激光测距—多光谱成像制图系统

试验结果表明，实现了"三维信息获取与处理技术系统研制"课题的主要研究目标，不需要任何地面控制点，能够达到实时（准实时）地得到三维遥感图像，大大提高了遥感作业的"时效性"和工作效率。一般在作业飞行数小时后即可得到带有数字地形的遥感影像图，而常规遥感作业则需几个月时间才能完成，实地GPS测量检验三维坐标中误差在10米以内。

基于此项目在机载激光测高技术上的成果，上海技物所在2004年获得了嫦娥一号月球探测卫星有效载荷激光高度计项目的立项，与双线阵立体测绘相机协同工作，共同绘制月球全月表的三维高程影像。该激光高度计是我国第一台独立自主研发的空间激光遥感设备，于2007年10月24日随嫦娥一号卫星发射，至2009年3月受控撞月时，累计获取了970万点月球表面高程数据，获取了人类首张月球南北两极的三维地形图。由此为起点，上海技物所第二研究室在我国探月工程"绕、落、回"三个阶段中先后研制成功了激光高度计、激光测距敏感器、激光三维成像敏感器、激光测速敏感器等一系列达到国际先进水平的激光主动遥感设备，开拓了激光在空间应用的新局面。

在此基础上，上海技物所又建立了中科院空间主动光电技术重点实验室，薛永祺担任该实验室学术委员会主任。实验室具体针对我国月球与行星探测、载人航天工程、空间科学任务、空间态势感知等国家重大需求，开展应用基础研究与技术创新，不断夯实技术基础，推动专业发展，服务国防建设。实验室在

"十二五""十三五"期间,持续承担嫦娥工程有效载荷红外光谱仪及GNC导航激光敏感器、墨子号科学试验卫星量子密钥双向收发机、高分七号立体测绘卫星激光测高分系统、天问一号火星环绕器光谱仪、祝融号火星车LIBS激光诱导光谱仪等国家国防基础和国家重大任务,共承担各类科研项目486项。近五年来实验室发表学术论文704篇,其中SCI收录297篇,EI收录266篇,*Science* 1篇,*Nature* 3篇,34篇影响因子超3.0,累计影响因子超350。

第五章　国际舞台频亮相

乘长风，破万里浪。薛永祺和其领导的研究室、课题组在飞速提升遥感技术的同时，与世界俱进地将成果同国际遥感需求、应用相结合，赢得了他国的惊呼与赞叹。每一次成功的合作都助推中国科技迈步向世界一流进军。

1. 与美国GER合作，中国遥感出国门

1978年，中国以自己的力量完成的腾冲遥感大型试验在国际上引发了关注，尤其是上海技物所薛永祺及其团队研制的、在当时国际上也处于先进的热红外多光谱扫描仪，它在试验中发挥的出色作用更是备受关注。由于国内对遥感的需求多，通过多次多光谱、高光谱的航空遥感试验，薛永祺及其团队积累了丰富的经验。在当时的高光谱遥感领域，上海技物所的薛永祺和中科院遥感应用所的童庆禧两人是国内最紧跟国际前沿的专家，国际同行也认为中国在高光谱遥感的应用领域已有自己的特色。因此，从20世纪80年代中期起，一些国外客户前来寻求与薛永祺团队合作，其中，美国GER公司和上海技物所的合作书写了中国航空遥感技术走出国门的记录。

1984年，美国太空总署喷射推进实验室（JPL）卡尔女士来中科院遥感应用所和上海技物所访问时，高度评价了腾冲遥感试验中热红外多谱图像的应用结果。这一动态自然受到美国GER公司的关注。不久，该公司的高管张圣辉博士来上海技物所访问，薛永祺接待并介绍技物所研制航空遥感仪器和应用情况。薛永祺介绍完以

与童庆禧（右）在美国GER公司遥感飞机前

后，张圣辉坦述他们公司也正在做相关项目研究，询问薛永祺能不能和GER公司合作研制遥感仪器并前往美国去试验，所有费用和试验地点等都由他们提供。

由于当时的政策限制，薛永祺就此情况向时任副所长匡定波先生汇报。匡先生认为这是科技合作的好事，可以一试。于是由张圣辉和匡先生签了一个备忘录，言明这是一个双方合作的项目，GER公司请上海技物所负责仪器的光电部分，记录部分由GER在美国提供；上海技物所为GER公司研制短波红外（2～2.5微米波段）的多光谱扫描仪。签约约一年后上海技物所便完成了双方协议的技术要求，GER公司总裁柯林斯专程前来了解仪器的研制情况，并组织了一个架次的航空飞行试验，获取的短波红外多光谱数据在中科院遥感所的图像处理系统上进行了回放显示，柯林斯认可后即落实去美国GER公司的安排。

薛永祺带队携专门为此次合作任务研制的仪器前往位于纽约的GER公司。试验中，装载仪器的是一架GER公司自有小飞机，机上只能坐两个人：驾驶员和中方的一位技术人员。飞机从美国东部的纽约飞到西部的试验场要飞行一天，薛永祺等两人在纽约等消息。飞机回来后，中方技术人员告诉薛永祺试验情况非常好。实验

短波红外细分光谱扫描仪

1979年，参加中国遥感代表团访问美国（右一：薛永祺）

数据交给美国地质勘探局（USGS）的数据处理中心分析，发现所得图像可以区分矿物的岩型，认可中国仪器获得的数据比美国"陆地卫星"的数据好。美国《地球物理》杂志上有一篇文章对此次设备及其产生的数据做了分析，三位作者中两位是GER公司人员，第三位就是上海技物所的薛永祺。

2. 与日本三次合作，图像历历数据佳

20世纪八九十年代，薛永祺及其团队与日本在遥感试验方面展

开了三次合作,创下了多个"第一次"。

20世纪80年代,美国发射地球资源卫星,日本紧随其后,发展装载多光谱扫描仪的日本地球资源卫星。由于日本国土面积较小,无法找到合适的地区开展检验卫星载荷能力的地面核对,于是日方向中科院提出请求,希望在中国新疆寻找一区域开展相关的合作。日方负责单位是日本地球科学综合研究所,中方负责单位是中科院资源环境局,具体负责人是童庆禧。

薛永祺在中日双方的协商环节中就采用上海技物所的有关遥感仪器。首先要协商遥感试验的观测目标,综合考虑各项因素后初步选定以沙漠为主的新疆库车县,报国家相关部门、军方审批通过后,双方协商具体合作内容、经费、合作期限、作业方案等。童庆禧提出:日方目前在制作卫星阶段,可以先进行航空遥感试验;飞机上用的多光谱扫描仪、成像光谱仪由上海技物所的薛永祺课题组承担。日方同意了此方案,双方就此签订协议。

1988年8月,薛永祺团队携仪器从上海飞至新疆试验基地,执行库车县的飞行计划。按照双方的协议,这次遥感飞行试验中,中方执行多光谱扫描仪的航空遥感飞行计划,日方派人带着光谱仪在

在日本名古屋

地面进行同步测量；航空获取的遥感数据和地面同步测量的光谱资料双方都可做研究和分析；试验中必要的实地样品采集必须按规范执行并集中保存，日方不能自行带走，要经中方审查批准后，由中方统一运送给日方。实际实验过程较为顺利，航空遥感数据和地面测量资料一式两份，双方都做了深入的研究和分析；第二年，双方举行了一次学术讨论会，最终形成了书面研究结果。这是中国遥感界和日本展开的第一次合作。

不久，日本电报电话公司（NTT）前来寻求合作。NTT公司是全球最大的电信公司之一，涉及卫星数据分析领域，但在光学、遥感方面较弱，也没有相关技术支持，但公司的发展要求发展这些技术，于是NTT公司向日本地球科学研究所寻求帮助。日本地球科学研究所通过中科院联系上了上海技物所，希望双方能展开名为"精细农业的遥感试验"的合作，请上海技物所在日本名古屋划定的多个区域使用可见近红外面阵推帚式高光谱成像仪（PHI）进行遥感数据获取。

合作方案确定以后，双方又准备了一年。1999年，上海技物所薛永祺等四人随身携带着为此次任务专门研制的高光谱成像仪到达名古屋，这套仪器和当时已商品化的加拿大、芬兰的产品性能相当。技物所四位专家和中科院遥感所的三位专家为此次合作在日本名古屋待了一周。这次试验的主要目标是农作物的分类、长势、病虫害情况等。第一天，日方就对中方飞行获得的遥感图像数据评价非常高；预定一周的飞行计划都顺利、高质量地完成了。最后一天，上午任务完成后，原计划是下午拆卸仪器，第二天下午薛永祺一行带仪器飞回中国。午饭时，日方跟薛永祺商量，可否加飞一次，飞一下名古屋的码头。因不影响回程，薛永祺欣然答应，飞行时间总计3小时，得到的图像数据清楚明了。此次应日本NTT公司请求到名古屋进行遥感飞行，是中国遥感技术走出国门的第二次。

新疆库车航空遥感试验中用的是19波段的机载多光谱扫描仪，飞机是中科院的遥感飞机。名古屋航空遥感试验用的是120波段的可见/近红外高光谱成像仪，飞机是日本航空公司的"空中国王"遥感飞机，有时对仪器的安装等还需做必要的改装。

由于第一次合作研究的圆满完成，NTT公司再次提出在名古屋地区进行一次航空遥感合作研究的请求，此次希望采用的仪器是薛永祺课题组刚完成的"实用型模块化成像光谱仪"（operative modular imaging spectrometer，OMIS）。中方前往日本的航班还受到了台风天气的影响，在名古屋机场出机舱时已是狂风暴雨。薛永祺课题组成员多年参与航空遥感的实践，人人都是看天工作的行家里手，知道刮风下雨之后就会是好天气，正适合遥感飞行。不出所料，一切按预定计划顺利完成试验任务。

OMIS安装在日本"空中国王"遥感飞机上

日本NTT公司鉴于这两次遥感合作研究，决定采购上海技物所的仪器，派专人到技物所协商。考虑到日方对仪器加工精细程度的高要求，薛永祺等人提出一个方案：上海技物所负责设计，日方监理，完成设计后由日方加工，加工完成后的装配方由日方选择，中方协助调试，技术指标都达到了再验收。对此方案日方一次通过。之后，日本加工厂的技术人员来上海技物所考察和参加技术座谈，中方分解仪器给日方观摩，所有细节双方都一起商量。NTT公司与技物所的合作是有诚意且有效的，可惜最后因日本政府干预，此次采购仪器的合作没有实现，NTT公司转而购买了加拿大的类似PHI的仪器。NTT公司的项目负责人在之后的技术交流中谈及加拿大仪器获得的图像数据没有上海技物所的好。

3. 赴苏联遥感试验，探核电站冷却水

1986年，切尔诺贝利核电站爆炸，引起全世界震惊。苏联相关

人员在检讨事故原因时曾怀疑是核电站冷却水的冷却效率问题致使核电站过热引起核泄漏爆炸。当时，苏联有16个核电站，多数建在内陆（包括切尔诺贝利核电站），内陆建核电站需要大量冷却水，需要在核电站旁专门挖了一个宽5千米、长10千米的水库，中间有一个导流堤，核电站的冷却水在水库中循环，一来一回流过20千米，如此水就冷却了。

切尔诺贝利核电站爆炸以后，内陆型核电站冷却水的验证研究交给了位于莫斯科的苏联科学院地理研究所。经过初步研究，苏方专家发现：冷却水排出时散发的热蒸汽会上升形成一个气柱，理论上，气柱上升时遇到风吹等会迅速扩散从而带走热量；但如果核电站的冷却水水库的地理位置选取不当，周围没有风，这个气柱不容易扩散而无法带走热量，水库中循环的冷却水就无法冷却，最终影响核电站的冷却效果。苏方想进一步通过相应的大气循环数据来验证此种可能性，于是向中科院提出开展遥感合作研究。于是，在1988～1989年中科院资源环境局和苏联科学院地理研究所开展了一次合作交流。

中科院资源环境局组织中科院遥感所、中科院空间中心和上海技物所等有关人员与苏方进行互访。第一次是中方前往苏联进行项目考察，以确定是否有条件展开合作项目，此行包括薛永祺、童庆禧、姜景山等。这次访问，苏方还未明确提及核电站相关实验，只是表达了可以开展遥感方面的合作的意愿。

第二次是苏方前来讨论合作研究的具体内容，双方先是基本确认开展针对核电站的遥感实验，随后苏方又增加了农业方面的生态遥感考察需求，最终双方达成共识：在苏联库尔恰托夫核电站区域进行生态航空遥感合作研究。上海技物所薛永祺课题组研制的19个波段多光谱扫描仪成为执行遥感数据获取任务的最佳仪器，该仪器具有热红外波段，可在库尔恰托夫核电站上空进行辐射温度测量。

第三次是在1990年，薛永祺带队一行四人前往苏联协商飞行试验的前期准备。期间，薛永祺特意询问了苏方专家选择库尔恰托夫核电站、研究冷却水与环境关系的深层原因，才得知了苏方的研究目标，也了解了内陆建核电站的诸多注意事项。随后，双方围绕任务开展进一步研究。双方最后确定使用两种飞机，一种是直升机，还有一种是苏联的摄影专用飞机。

第四次是薛永祺带队执行任务，遥感飞行得到的数据都很理想，随即把数据提供给苏联合作方了。完成飞行的时候正逢苏联解体，资料给对方后的下文就不得而知了。薛永祺至今保留了一套苏

1990年，在苏联访问接受记者采访（中：薛永祺）

在苏联访问时与外方交换资料（左二：薛永祺）

联卫星拍的库尔恰托夫核电站相片,据参加合作研究的苏方人员神秘地说:这种卫星相片过去从未给过外国人。

在苏联对库尔恰托夫核电站开展遥感实验的经验,让薛永祺认识到将热红外扫描仪作为内陆核电站常规检查设备的重要性,为此联想到对国内核电站温排水监测的关注。

4. 赶制成像光谱仪,赴澳出新显真章

- 箭在弦上

1990年,在澳大利亚联邦科学与工业研究组织与中国科技部友好往来的带动下,北澳 AIR Research 公司(一家私人航空制图公司)派专员多次来到中科院遥感所,希望开展探矿方面的合作研究。谈到具体技术、仪器设备时,中方参与谈判的童庆禧明白这次澳方是为上海技物所薛永祺课题组正在研制的成像光谱仪而来。当时国际上只有少数国家掌握成像光谱遥感技术和仪器,而薛永祺团队此前在国内外的遥感试验中展现的技术与设备已在国际上名声大涨。

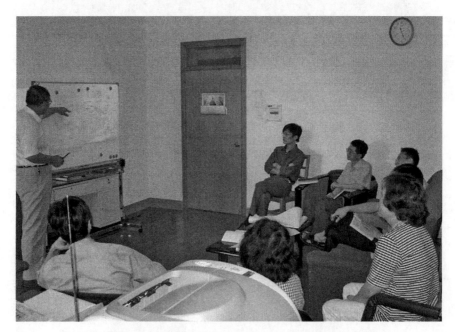

向课题组人员讲解扫描仪设计方案(左一:薛永祺)

童庆禧对成像光谱仪从预研立项至今的整个过程了如指掌，他知道薛永祺此刻正在紧锣密鼓地研制仪器，可澳方在时间方面设限为半年，以他对薛永祺能力的了解，相信薛永祺是有可能在半年内完成研制的。但这个承诺必须由薛永祺——这台关键仪器的研制者说出来才能令澳方放心，于是童庆禧立刻联系薛永祺，请他赶来北京。

薛永祺到了北京后稍做了解，立刻明白这是箭在弦上的迫势。研制出成像光谱仪只是时间问题，但限定在半年时间里完成，时间的紧迫带来了沉重的压力；但薛永祺若在此时露怯，不仅会让好友难堪，更会有损中国形象，这当然是他绝不愿意的。他一身不服输的韧劲又被激发了出来，决定负重致远。

1990年底，双方达成协定，半年后先在中国完成试飞，试飞成功后再前往澳大利亚达尔文市进行遥感飞行。

为了赶在节点前拿出样机，春节刚过，薛永祺就和团队成员重新制定计划表，每个时间点安排得满满当当，一环扣一环，必须按时或提前完成：要加工的东西尽快出图纸；机械零件还在检验中，仪器配套的工作人员已做好准备工作……就这样，所有能超前的环节大家齐心协力往前赶，快马加鞭下，5月初仪器基本上调试好了。这时薛永祺对童庆禧说：可以告诉澳方，我们的仪器准备好了。

这是澳方和中方在航空遥感领域的首次合作，虽然中方已提供了成像光谱仪的运行效果数据，但澳方仍然不放心。1991年9月，澳方提出由第三方对中方提供的飞行数据进行分析并提供报告，中方对此表示理解。根据双方商定，童庆禧和薛永祺在河北省太行山区专门设计了一次测试飞行。这次测试飞行，薛永祺亲自上阵全过程，保证仪器运行。所有飞行采集到的数据经过处理形成的一个数据集，由薛永祺的学生王建宇专程送往澳大利亚，由澳大利亚成像光谱仪分析方面最有经验的两位专家进行评估与询问。

交付数据的第二天，王建宇应约参加和澳方图像数据分析专家的交流会。澳方专家已分析了所有数据，并从应用的角度提出了不少细节问题，这些问题能够帮助仪器以用户需求导向进行改进。澳方专家基本肯定了中方仪器的效果数据和稳定性，虽然暂时存在一些小问题，但仪器本身是很好的。得到这个"认可"的信息，王建宇立刻打国际长途到上海技物所，他知道大洋彼岸的薛老师和整个团队都在等着消息。双方确定后，薛永祺和童庆禧便带领着团队前往澳大利亚。

● "中国高技术赢得了达尔文"

在中方人员乘飞机带着仪器到了澳大利亚后，澳方提出了三个试验需求。第一，请中方飞一遍整个达尔文市；第二，请中方飞一遍达尔文市南方200公里的一个地区；第三，达尔文是个港口城市，不久将要搬迁海港，请中方判断一下新址是否合适。中国团队根据这三个问题一一做了遥感试验飞行。童庆禧、薛永祺两位总负责人对每一次飞行都有整体设计，对所有能想到的细节都有预案。

飞整个达尔文市的第一飞，薛永祺亲自上飞机监控操作；由童庆禧团队利用不同的处理模式进行数据处理分析。根据图像和数据分析，达尔文市的热量释放及温差的分布情况有了一个概貌性的直观显示，造成该市热量差异最主要的原因是空调冷气泄漏，这会导致较大的能源浪费。在对数据处理后，双方根据图像上标出的冷源地区进行实地验证，结果表明这几个地方分别是达尔文电影院、敬老院（澳大利亚称之为荣军养老院）、澳大利亚大学的北澳实验室等。精准到位的试验结果让澳方心悦诚服，并马上将结果上报能源部部长。

第二天，能源部部长带着媒体去冷源地区一一踏勘。当地报纸为此刊登了一篇题为《高技术发现的能源浪费》的报道，言明在中方进行遥感试验前当事单位不曾发觉这一问题。此外，该报道还配有薛永祺、童庆禧的照片。

在第二个需求中，中方飞了达尔文市南方地区，经过图像处理，发现该地区有几个异常，根据光谱分析，认定是铀矿。随行的澳方地质专家得到消息后大为赞赏，原来澳方早已知晓此事，且已经在开采了，这其实是对中国专家和仪器技术能力的考验。中国专家提醒澳方，数据显示铀矿周围还有几个异常地。基于中方的一系列成果，达尔文市的报纸又发表了一篇题为《高技术赢得了达尔文》的通栏报道,这个标题也可以理解为中国高科技征服了达尔文市。

第三个希望中方验证的需求相对来说比较简单,判断新址是否适合建港主要看地质环境,如果是冲刷环境,只要把该地砌成岩石堤坝就可以建港,但如果是沉积环境,其他地区的泥沙随水流至此地沉淀,就不能建港。最终,中方专家根据水面分布、海流的情况,判断当地是冲刷环境,可以建港。

澳大利亚科技界和媒体知道中澳遥感合作后,都很重视,

《高技术赢得了达尔文》(达尔文市报纸)

澳大利亚的国家电视台、电台连续三天做跟踪报道。中国驻澳使馆知晓后派了科技参赞前来了解慰问。科技参赞来的时候,童庆禧、薛永祺他们正在分析港口问题,巧合的是科技参赞来自国家海洋局,于是二人把数据分析情况跟他一说,他表示分析非常正确。

此次中国遥感技术在澳大利亚实地考察是中国遥感面向国际的一次考试,中方交出了一份令人满意的答卷,结果表明薛永祺和童庆禧带领的团队在高光谱成像遥感领域里已处于国际前沿,在国外有了较大的影响力,这也使更多的国际合作机会接踵而来。

在澳大利亚期间,薛永祺等人的基本费用由澳方承担,但为了避免浪费,他们请澳方将三餐的费用折现,从中节省一部分现金。澳方同意了,但保留了晚餐以保证双方每日可以有讨论、交流的机会。

● **意外与考验**

在澳大利亚达尔文市的飞行考察持续了两周左右，飞机上的仪器操作主要由王建宇完成，薛永祺总指挥，尽管这整个行动堪称圆满，但还是出现了意外的挑战。

一个小的突发情况发生在国内装机时。赴澳所带仪器已经应用上了薛永祺提出的"模块化"理念，拆分的设备仪器模块在执行任务时可按需组装。在北京准备上机安装时发现机上预留空间稍小，仪器无法按原定的安装面安置，而所剩时间已不允许再起波折。紧迫之时，薛永祺的科学灵活性发挥了作用，他经过判断后，提出可以将仪器稍倾斜地安置；飞行扫描时的图像也稍微倾斜一点，完全不影响整个扫描视场。正是因为薛永祺长久积累的丰厚科研和技术经验，在紧急关头才能"四两拨千斤"地解决棘手难题。

另一个出乎意料的情况发生在飞达尔文市的第一个架次飞行期间。达尔文市为临海半岛，地形地貌复杂，地物图像丰富。第一次飞下来的图像数据经图像处理系统回放时，童庆禧看到海岸带的图像上有重影，即有两个相同的图像略有错位叠加在一起，其中亮度较低的一幅看似另一幅的影子，这在遥感领域被称为"鬼影"。这套仪器设备是薛永祺设计的，童庆禧马上喊来薛永祺查看、分析产生"鬼影"的原因。薛永祺端详图像片刻，凭借多年实践经验，他明白是光学系统的望远镜接收地面辐射透过光栏孔时出了问题，很可能在光栏孔的旁边有个更小的孔。扫描成像的光栏孔直径0.5毫米，反映在地面上是一个像素，并随仪器的扫描镜在地面上不断往复，扫成一条一条的线，众多的线排列组成图像；现在出现这样的叠影，表示光栏孔的边上还有一个孔，且一定是一个小得多的孔，以至于逃过了检验光栏零件的工作人员的眼睛。薛永祺决定立刻开展仪器排查。于是，中方全体出动，从遥感飞机上把相关的仪器拆下来运到住宿的宾馆，等到晚上，在没有窗户的厕所内把灯全部关掉后再用被子盖住整个仪器，创造毫无光亮的暗环境；然后用手电筒对着仪器的望远镜照射。团队全力以赴，在厕所间蒙被的蒙被，打手电的打手电。最终，负责光学设计和装校的杨成武找到了多出来的小孔：是一个小砂眼，手电筒的光打在上面很亮，没有任何干扰。当大家还在讨论如何解决这个小砂眼问题时，薛永祺已从房间拿来随身带的黑色记号笔把小砂眼涂盖住，待油墨干了反复涂盖，如此把这个砂眼完全盖住了。第二天一早再次飞行查看，已没有"鬼影"，问题被顺利解决。

尽管事后薛永祺也很奇怪，在光学校装者安装时多次检验的情况下，为什么完整的金属铜皮上会有一个砂眼，还如此巧合地在光栏孔的旁边。实际上，工程应用中突发的意外事件其实是很频繁的，真正考验的是出现意外时现场指挥者的处置反应，这要求指挥者具有极高水平的学术功底和实践经验。

5. 多模块成像实践，创新思想走前列

中澳遥感合作试验除了收获超出双方预期的圆满结果外，薛永祺有关多波段装置模块化应用的想法也正式成形并得到成功实践。

从20世纪80年代初起，找到上海技物所要求支持做遥感探测的单位不断增多，他们提出各式各样的应用需求使薛永祺团队应接不暇，难以全面满足。薛永祺便考虑如何在应对各种应用需求时不自乱阵脚且能以一当十，即做好一个功能来满足多方面、多层次的需求，现在"水来土掩，兵来将挡"的思维和做法并不可取，大家疲于奔命，还不见成效，人力、物力浪费颇多。此外，还有一个难题困扰着薛永祺——飞机空间的限制。"八五"期间，机载模块成像光谱仪一定要放在空间有限的飞机尾部，如果紫外、长波红外等诸多模块集成在一起就放不进去。这些都迫使薛永祺思考一种解决方案。很快，薛永祺提出了"可以拆卸、可以换"的模块化构想。当时，光学遥感中还是以光机扫描成像为主，薛永祺的光谱仪模块化构想里是期望找到可分割的界面，光机扫描成像系统中望远镜焦面处的光栏是一个节点，其后是与应用要求有关的光谱组件，如紫外、可见光/近红外、短波红外或热红外等，全波段的还是分光型的，都可以互换。

所谓的模块化成像，薛永祺有一个形象的解释：可以根据每次

任务探测对象的不同，选取相应波段的扫描成像技术。具体而言，是对多光谱成像仪的成像和光谱部分分界面，相当于USB接口，可以插U盘、光盘，相互兼顾。除了成像部分必须固定外，红外的、不同光谱波段和光谱分辨率的光谱仪组件都是可以更换的。根据不同的可见光和红外光（红外光里又有短波红外、中波红外、长波红外等）波段，做成多个模块，针对不同的需要，在不动机械部分界面的基础上，选取不同的模块拼装即可，且组装方式十分简单：将模块组装时，有多个定位孔对准定位销，螺丝拧紧即可用；更换模块时，螺丝拧下来，更换另一个模块对接上，螺丝再拧紧就可用了。

赴澳大利亚时就是按这样的模块化构想操作的，整套仪器分成了四个模块：一个是成像主体模块，这是固定模块；其他三个分别是可见光分光模块、短波红外分光模块和热红外分光模块，三个都可互换，可实现四种组合。在具体操作中，飞达尔文市时是把热红外模块装上；探矿时将热红外模块取下，把可见光/近红外模块和短波红外模块装上。由于飞机尾舱内空间较小且是异形的，以上操作有时在外面装好后抬到里面去，有时组合好后因窗门限制抬不进

实用型模块化成像光谱仪（OMIS）
的电子学机柜

实用型模块化成像光谱仪（OMIS）
的扫描头部

向308专家组介绍实用型模块化成像光谱仪OMIS（左一：薛永祺）

去，必须把成像主体先装上，再让一位小个工作人员钻进去，把待装的模块一个一个地装上去。

迄今在国外同类产品中，即使被视为标杆的美国JPL的"艾物立斯"扫描和光谱仪仍是一体的。薛永祺根据应用需求提出的可拆卸、可组合的模块化成像思想在实际应用中能解决长期困扰的问题，故而广受好评，被认为是一种创新思想。这是薛永祺提出来的一个全新的思路，同时还融合了封装技术、移动窗技术等，模块化中涉及的内定标也都做到了量化，整个研发过程都是薛永祺课题组完成的。

6. 海洋执法添利器，设备对接开先河

● 研制红外紫外扫描仪，服务海洋执法

海洋执法是20世纪七八十年代中国在国民经济和对外贸易中遇到的新课题。国外大型货轮在我国港口停泊及装卸货操作时油气泄露入水的情况时有发生；更为严重的是，有部分油船恶意排放未经处理的压舱水。装载石油的油船在卸完油后，出于安全考虑必须注入大量的海水来维持船的重心，这些海水被称为压舱水；油船到了

码头装别的油时，要排放压舱水。按照行业规定，排放的压舱水必须经过油水分离器的处理，以减少水中掺杂的油污对海洋的污染，这一处理过程需要较长时间。为了追求利润、减少在码头逗留的时间，许多船主会想方设法偷偷地将压舱水不经油水分离器直接排到海里。

有鉴于此，国家海洋局提出了依靠科技手段来加强海洋执法的课题。20世纪80年代初，国际海事组织（IMO）也在帮助中国建立海上油污染监测的航空执法队，联合国开发计划署（UNDP）给予了经费支持。国家海洋局又下拨了一部分经费，组织了一个论证小组。小组在经过了解、研究后，发现探测用的雷达和取证用的特种照相机国内都没有，特别是缺少了一件关键设备——红外紫外扫描仪，有了它才能判别海面上的油污：油的亮度温度低于水，所以被油沫覆盖的海水表面显示的亮度温度会低于正常的水体，这种差异体现在红外图像上为油污呈现黑色，在紫外图像上则显示油膜是白色的；因红外、紫外两个波段的图像是同时获取，可以有效区别油膜、航迹等。国际上对这一类型的红外紫外扫描仪有统一的技术指标、参数和价格，国家海洋局希望通过竞标的方式寻求国内科研力量的支持，薛永祺课题组便是投标者之一。

薛永祺对国家海洋局需求的红外紫外扫描仪的原理十分明白，因为在大兴安岭森林探火试验中已做出了2个波段，现在只要把其中一个波段换成紫外波段即可；且从红外向紫外拓展也是薛永祺课题组早有计划要开展的研制方向。此次为了国家海洋执法服务，上海技物所在技术积累与成熟度上一马当先，当仁不让，成功竞标。

中标后，薛永祺及其课题组快速且高质量地研制出了满足海洋局多项需求的样机；在海洋局无偿试飞一年，完成了所有试验项目后，仪器正式交付。不久，薛永祺课题组又做出了第二套。此后，中国的两架海洋执法飞机上都配备了红外紫外扫描仪，专职的航空飞行员每天驾着飞机到海上巡查。做项目总结时，海洋局工作人员告诉薛永祺，如果当时买了美国同类型的扫描仪，将要多支出一百多万人民币。

海监多通道扫描仪（MAMS）装载在海监飞机上

• **首开和国际设备对接融合的先例**

按照规定，联合国资助项目都有国际采购的要求。如上所述，海洋油污染监测是一个系统，包括照相取证、红外、紫外、雷达等部分。红外、紫外探测只是探测环节的一部分，以往联合国相关项目都是购买美国公司的产品；后面的记录和控制部分则由芬兰和瑞典的两家公司分包，与美国的产品有一个彼此约定的接口，如此构成的海洋油污染监测系统的架构是难以改变的。现在上海技物所参与其中，薛永祺课题组承担了获取红外、紫外图像信息部分的仪器的研制工作，这就要求薛永祺主持研制的仪器要完全符合国际标准，能对接、匹配后续工序上进口的仪器；且作为一个新入门的产品，必然会遭受挑剔。

在哈尔滨飞机制造厂，整套以雷达为主的系统从装上飞机试飞到操作、验收都由芬兰和瑞典的公司作为技术承包商全程检验。测试流程完成后，两家公司的仪器设备专家向IMO承诺，这个设备符合国际标准，且在国际上是可比的。薛永祺抱着虚心学习的态度参与了国际团队的匹配试验、验收等全过程，他也想趁此机会学习国外的好做法，因为这次只是刚刚开始，参与了以后能更好地了解国

MAMS装机验收时在海监飞机前

在海监飞机上察看采集的数据

外仪器的情况。

　　红外紫外扫描仪完成后，海洋局用了七八年，中间有几次为了配合国际海洋取证规定的新变化而进行改动。上海技物所当年参与红外紫外扫描仪研制的赵淑华回忆起当时研制时的一个细节：扫描仪研制初期曾用磁头替代薛永祺主张的光电编码器作为图像采集的像素同步信号，结果图像回放的效果有问题，换回编码器后图像质量就稳定了。薛永祺是对扫描成像的每一个技术细节都反复斟酌。

服务海洋执法的红外紫外扫描仪的研制成功，开创了上海技物所红外设备和国际设备的对接、融合的先例，也预示着日后中国的红外遥感技术走出国门，将更多地参与国际合作。

7. 中马合作多曲折，仪器出口零突破

● **初次合作：热带雨林高光谱试验**

1996年底，在薛永祺领衔下，上海技物所第二研究室的研究成果"实用型模块化成像光谱仪"（OMIS）被批准列入科技部"863"计划"九五"重大项目。2000年11月27日，OMIS通过了项目验收。OMIS是一套工程化的机载遥感数据获取系统，包括机上系统（含光机扫描头部、光学及探测系统、机上实时定标系统、数据采集、编辑、记录和监视系统，陀螺稳定平台、GPS定位系统）和地面定标系统（含光谱与辐射定标及测试评价系统），系统总体技术指标达到当时国际先进水平。

OMIS验收后，马上投入到用户需求的应用示范飞行中，获取了包括城市、农业、海洋、土壤、植被、水环境及军事目标等多种应用目标的大批可见光到热红外的成像光谱遥感图像数据。一次仪器承担的飞行范围之大，获取的数据之多，创造了上海技物所从事航空遥感仪器研制以来的历史记录，引起了国内外的强烈关注。本章第二篇中介绍过，由于和日本NTT公司两次遥感合作研究的圆满成功，NTT公司决定购买该仪器，但碍于日方政府干涉而未果。马来西亚国家遥感中心则获知了中日高光谱遥感合作试验的消息，也希望能与中国开展一次遥感合作。

经马来西亚国家遥感中心高级访问学者、国家遥感中心北京培训部主任李京教授的牵线，由中科院遥感应用研究所童庆禧推荐，2001年10月，上海技物所接到了马来西亚国家遥感中心（MACRES）的邀请，参加中马合作热带雨林高光谱遥感试验，对方的需求是用薛永祺团队研制的推帚式高光谱成像仪进行航空遥感数据获取试验。

2001年11月18日，在薛永祺带队下，一行五人携带推帚式高

出口马来西亚的OMIS-Ⅱ(M)扫描头部　　出口马来西亚的OMIS-Ⅱ(M)电子学机柜

光谱成像仪（PHI）全套设备赴马来西亚；同日，中科院遥感所一行六人在郑兰芬和张兵带队下到达吉隆坡。整个中马合作热带雨林高光谱试验为期两周，上海技物所的推帚式高光谱成像仪安装在马方指定的飞机上，遥感所的科研人员负责地面同步测量，数据经预处理后全部交付MACRES。MACRES对数据非常满意，告诉薛永祺他们之前请美国专家飞过，但得到的数据不理想。中马初次合作的圆满落幕，让马方对上海技物所的仪器设备产生了浓厚的兴趣。

● 齐心协力：高标准制作设备

2002年4月28日，马来西亚国家遥感中心主任Nik Nasraddin Mahmood和马来西亚保利资源有限公司董事经理刘镇海访问上海技物所，参观了航空遥感实验室，重点考察了"实用型模块化成像光谱系统（OMIS）"，薛永祺向他们详细介绍了OMIS的研制情况、主要技术指标与性能，并展示了OMIS示范飞行获取的遥感图像。访问期间，马方提出了邀请OMIS赴马进行遥感合作试验和购买OMIS的初步意向，中方相关部门对此高度支持。双方进行了多次访问与交流，会谈、合作稳步进展。2002年10月13～15日，马方两位主事者来访上海技物所，签署了上海技物所与马来西亚麦美集股份有限公司的商务协议，上海技物所基本完成了出口航空遥感仪器的技术与商务的各项文本工作；2003年8月31日，正式的出口代理协议签订。

出口机载高光谱遥感仪器对上海技物所来说还是第一次，而且涉及两个国家的科技部，时任所长王建宇和时任室主任舒嵘对此项目非常重视，每次在马方人员来访时，只要他们在所里，都会到场欢迎、讲话并给予指导。

出口马来西亚的高光谱成像仪，其主要技术指标和参数基本与科技部"863"计划"九五"重大攻关项目"实用型模块化成像光谱仪Ⅱ型（OMIS-Ⅱ）"相同，因此合作任务由上海技物所第二研究室航空遥感组承担，采用项目经理制管理方法，所里任命杨一德为项目经理，邹明副所长担任项目指挥，薛永祺为项目的高级技术顾问。由于项目各方面均与OMIS-Ⅱ有很强的继承性，所以研究员杨一德建议出口的仪器还是沿用原来名称，但简称缩写为OMIS-Ⅱ（M），"M"代表专为马来西亚定制。

上海技物所为了保障出口仪器的质量，专门花费一个多月的时间为研制人员进行质量体系知识的系统培训。磨刀不误砍柴工，有了质量管理体系的保障，项目组严格按照计划进程，从设计评审、合同评审以及设备全部光、机、电、算的外协等到制造加工、总装、调试过程都很顺利，各个过程都得到马方的充分认可。这样的成果自然与全所上下各方的支持与合作是分不开的。例如，2004年12月31日，匡定波院士、科研处王彪处长和朱国英同志、第八研究室刘定权主任、五室周起勃主任都到场参加设计评审会；第六研究室以陈永平研究员领衔的团队，专门为OMIS-Ⅱ（M）研制了60元线阵硅探测器，进行小批量定制并按时交货；仪器的结构件全部由所工厂自行加工，从工厂领导到生产、工艺管理部门，图纸工艺的编排、铸件与涂覆的外协，再到第一线各类机床的加工各个环节都给予很大的支持；应马方对过程质量检查的要求，工厂还接受了两次马方技术小组和执行委员会成员的现场考察和零部件抽样检查；电装组专门为该仪器制订了标准、规范的电子线路板和各种规格的电缆连接线……精诚团结，而事无不可成矣。

由于最终产品是出口到马来西亚的，由马方人员操作使用，所以项目组必须要完成OMIS-Ⅱ（M）的操作手册和使用维护手册的编写。项目组对此并不陌生，因为在为国家海洋局定制海监机载多光谱扫描仪MAMS的时候已经有了一次实践。只是这两本手册供外国人使用，必须是全英文编写，且要求图文并茂。薛永祺对手册的要求是：无论哪位操作人员看了以后，按照手册上的操作步骤都能开机运行，按需获取数据。项目组沿用MAMS的手册的编写方法，又多方面参考学习，最终圆满完成了纸质手册和电子版手册的编写工作。按照合同，上海技物所还要对马方技术人员进行操作、设备维护的培训工作，培训包含了开学典礼和结业典礼，双方全程使用英语，具有完整性和庄重感，马方技术人员对此赞不绝口，表示获益匪浅。

● **好事多磨：漫长的交货过程**

2005年12月底，在仪器经过光谱定标和辐射定标后，上海技物所组织了出所试飞，OMIS-Ⅱ（M）系统安装在租用东华通用航

参加OMIS-Ⅱ（M）试验飞行的项目组人员留影（左六：薛永祺）

空公司的Y-5轻型飞机上，在横店影视城上空进行航空遥感数据获取，飞行结果完全满足设计指标和交货要求。

由于马方各部门领导人的更换等多种原因，在马方支付了一半经费的情况下，项目的一切活动搁置暂停，课题组根据仪器设备的要求进行精细保管和日常维护。2008年，马方提出重新启动该项目的交付工作，但在课题组完成设备开箱检测后马方又没有了后续接收的信息。直到2011年，马方又发来了重新启动该项目的要求，这次他们派出了由技术人员和律师组成的团队。11月20日，在马方派来的团队人员见证下，仪器现场通电、扫描成像一切正常，顺利通过验收。搁置五年多时间的设备，开机一次成功，项目经理杨一德最大的体会是研制设备离不开质量保证体系。全部设备在2012年9月29日经过末次通电验收后，于2012年11月5日在律师见证下分装七个箱子运往上海浦东国际机场海关。等待多年，上海技物所终于圆满完成该所航空遥感仪器出口零的突破。

第六章　应用可专攻

除多光谱扫描仪、成像光谱仪、三维成像仪等，薛永祺还研制了有一些专用的成像光谱仪。以微知著，在追溯薛永祺的学术科研生涯历程中，这些专题性成像仪具有不可或缺的重要性。

1. 医用的潜能：显微成像光谱仪

● **欲探微观**

光学遥感的原理相当于望远镜；而成像光谱仪则是在望远镜的基础上，把看到的物体的几何形状、物性、成分、光谱特征等信息都记录下来。从物理学角度而言，显微镜与望远镜同属光学系统，但两者在设计上是不一样的。20世纪90年代末，薛永祺在研制飞机成像光谱仪时，就在思考能否把遥感所用的成像光谱技术转移到显微镜上，这样可以得到非常微小目标的图像和光谱。2000年，薛永祺在卸下一线学术方面负责人的重担后，想继续在成像光谱仪方向进行的两件事之一就是显微成像光谱仪。

薛永祺已经对显微成像光谱仪有所构思，他曾和上海技物所专门做显微影像的张建国博士一起讨论过把成像光谱技术从望远镜转移到显微镜上的可能。当

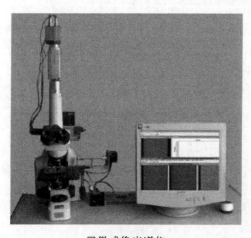

显微成像光谱仪

时，薛永祺询问了有关人体器官表面和生物体切片的一些情况，希望能以此推断借助显微成像光谱仪看到癌细胞等的光谱特征的可能性。早期诊断对很多肿瘤的有效治疗大有裨益，而显微成像光谱仪如能胜任分子细胞层面的辨识，就有望承担临床医疗的诊断重任，相比破坏性的活检，它基本上是一种无损检查。国际上已有不少显微成像光谱仪用于医学检测的案例，如乳腺癌的早期检测等，尤其是白血病，白血病患者的血液分子在显微成像光谱仪上与正常人的是不一样的。

一辈子和航空遥感、遥感仪器打交道，饱览国内外森林、矿山、荒漠、滩涂的薛永祺，从未涉足微观如机体分子、细胞这样的细微层面，这是一个全然不同的领域，全然不同的观测对象，但也同样深深地吸引他，他想一探微观的奥妙，造福万千病患。此时，薛永祺在与前来读博的肖功海商量课题方向时，推荐了显微成像光谱这一研究方向。

● **多方合力**

薛永祺与肖功海讨论后，先确定了通过高光谱眼底相机来检测糖尿病、高血压患者的眼底变化的课题，目标是通过了解糖尿病、高血压患者眼底的血管情况帮助临床上确认病变的阶段。在当时提出的这一目标再一次展现了薛永祺敏锐的前瞻视野，时至今日，此用途的高光谱眼底相机研究，在文献上已有报道。

确定方向后开始查阅文献。他们了解到糖尿病患者眼底病变的情况是多样的，有的波段可以看得很清楚，有的则不可。肖功海要做的是，把薛永祺做遥感时运用的看到不同光谱的原理用到显微镜上，在患者还没有病变前就能知道自己眼底的信息，一旦发现异常可以及早进行治疗。为了做课题研究，肖功海找到眼科医生，并在山东找到一些病例。

为做成显微成像光谱仪，除了以肖功海的博士论文为切入做硬件研制外，薛永祺还安排了一位在上海交通大学联合培养的博士研究生李庆利做显微成像光谱的数据处理和软件。博士期间及以后的几年，他们发表的论文已经有几十篇，都是研究方面而非临床上的。

另外，薛永祺还指导一名在职博士研究生，在确定研究课题调研中发现，从事断手再植的医生希望能够鉴别运动神经和感觉神经。该博士生取得一些由医院提供的切片样本，通过显微成像光谱仪对这些样本进行光谱成像研究来区分神经类型，在经过严谨研究后，得出的结果是运动神经和感觉神经在可见光、近红外的光谱仪上没有差别。该博士生十分着急，担心这样的研究结果无法作为博士论文，于是找薛永祺商量应对办法。薛永祺了解情况后对她说：科学研究是以探索未知为目标，只要实验数据准确，研究逻辑合理，这篇论文就没有问题。现在得出的结论是在可见光和近红外光谱范围内没有发现两类神经的差别，这也是研究成果，以后其他人就不用在这一方向上浪费精力了。同时，薛永祺特别强调：一定要写清楚是在可见光和近红外这一段没有查到，人体的分子可能在短波红外这一段才会显示，只是现在没有这个仪器；有条件最好做到红外，往长波扩展。后来果然如薛永祺所说，盲审专家认可了这篇博士论文的技术路线、研究数据等，这位学生顺利通过博士学位论文答辩。

介绍杜瓦瓶（左一：薛永祺）

● 静待时机

尽管显微成像光谱仪是薛永祺从一线学术负责人位置上退下来后最想做的事情之一,但没有任何经费支持。一开始,他对此方向能否做出研究成果也颇有担心,待肖功海做出研究成果、论文顺利通过答辩后,薛永祺才知道国外有很多大学也在做这一研究,想法和自己的基本相似。现在,国外已有多款显微成像光谱产品,但始终打不开中国市场,一是因为价格贵,二是因为软件自动化程度低,对操作人员的专业程度要求严苛。

薛永祺对显微成像技术在医学上的应用痴心不改,2006年在与上海交通大学施鹏飞教授联合培养的博士生李庆利的博士论文(《显微高光谱医学成像机理及应用研究》)中,两位导师指导他进行显微成像光谱数据归一化预处理,从而开展糖尿病眼底病变的显微成像光谱检测应用研究。研究使用了100只大鼠分成正常、糖尿病病变和药物治疗三组进行实验。其中50只为正常组,20只为接受药物治疗组,30只为不治疗组。李庆利分别从三组大鼠样本组织中提取出了外核层光谱曲线,发现经过治疗的大鼠视网膜外核层的光谱曲线正好处在正常和病变的两条光谱曲线中间。尽管这个课题很有意义,但遗憾的是课题没有得到共识,没有经费支持,难以为继。尽管如此,薛永祺还是通过一些方式支持学生继续研究;肖功海还专门买了一台眼底相机,设想在这上面增加一部分高光谱的设施,这样拍一次眼底可以得到一百多幅不同光谱的图像。后来,在薛永祺的支持下,李庆利博士毕业后继续从事显微成像光谱仪及生物医学应用的研究,他们做出了显微成像光谱仪样机,其原理和在飞机上

在扫描仪成像试验前检查仪器

的成像光谱仪一样，只是显微成像光谱仪是通过玻片移动来实现推扫。该仪器也可以采集一百多个波段，空间分辨率达到1微米，使用该仪器已经获取了血涂片、皮肤、心脏、肝、肾等组织切片的显微高光谱图像数据，并建立了精标注的显微高光谱病理影像数据集进行公开发布，现已被国内外近百个科研团队注册下载使用。薛永祺支持的这些研究工作促进了显微成像光谱技术的发展，也推进了相关的仪器设备逐步向临床应用转化。

曾经有一位商人愿意资助两千万，薛永祺还专门和这位商人见面商谈了两次。也许市场有限，后来这位商人并未兑现资助。走市场受挫这件事让薛永祺感受到：市场经济不是科学家想象的，做市场需要的商品和孜孜不倦做一个学术理论的研究完全是两码事。这类难度高、技术复杂的研究性仪器系统要占领市场是不容易的，因为需求面狭小。做研究，只要把目标实现就可以了，但要形成商品，走市场这条路，仪器操作、处理、分析等有很多种类繁多的要求，要有专门的团队，形成一套软件，这些都很不容易做到。

但薛永祺没有放弃他的显微成像光谱仪之梦，目前显微成像光谱仪的原理已经清楚、样机雏形已成型，包括眼底相机等在内的显

不忘拿电烙铁的基本功

微成像光谱应用于市只是时间问题，迟早会普及应用的。当哪一天，人们觉得要把眼底的秘密看明白，非这种光谱不可的话，可能时机就到了。不仅薛永祺没有放弃，他的老搭档童庆禧院士团队内的张立福研究员也没有放弃，他们已和北京大学第三医院等单位开展一项显微成像光谱仪的医学合作，且后续会申请相关方面的国家仪器专项。

2. 格物于毫厘间：地面成像光谱仪

• 应运而生，填补空白

20世纪90年代，一直和遥感仪器打交道、阅像无数的薛永祺时常被一个问题困扰：现在的遥感仪器空间分辨率越来越高了，通过机载或星载遥感载荷得到的遥感图像分辨率已经达到分米级的空间分辨率，这个精度对大面积遥感应用，如矿产资源调查、生态环境监测、森林火灾监测、农业遥感等用途已经足够。即使遥感仪器的空间分辨率再提高，仍然存在混合光谱问题，即遥感界通常所说的

向童庆禧（右一）团队介绍地面成像光谱仪（右二：薛永祺）

"同物异谱，异物同谱"。遥感对地观测，从空中看地面物体，由于空间分辨率的限制，遥感影像一个像元里面有房屋、马路、草坪、树等，这些目标的理化特性是不一样的，但由于超远距离，在遥感图像一个像元中，记录了多种地物的混合的辐射特性，基于目标辐射特性很难将混合光谱分开，无法分清具体的物体是什么，这就是混合像元问题。如果要对混合像元进行解混，首先需知道这个像元是怎么混的。

2000年前后，薛永祺与童庆禧在解决这一难题上一拍即合，提出研制地面成像光谱仪的构想，希望通过该仪器促进各类解混模型的研究，为混合光谱解混机理和模型研究提供先进科学仪器支撑。举例来说，由于地面成像光谱仪的空间和光谱分辨率都很高，地面成像光谱仪得到的高光谱影像是图谱合一的，既可以得到成像范围内草坪、马路、石头、树木等目标的纹理几何特征，也可以得到这些目标的光谱特征；在计算机上对这些目标的纯光谱和混合光谱进行分析，可以对混合光谱的机理有深刻认识。两个地物目标的纯光谱相混与三个地物目标的纯光谱相混，得到的混合光谱是不一样的，可以通过对成像光谱数据进行重采样，研究光谱混合的变化过程。例如，原来图像分辨率是 $1~\text{mm} \times 1~\text{mm}$，现在是 $10~\text{mm} \times 10~\text{mm}$，就等于把100个1 mm的像素数据混合起来看它的混合光谱的变化。

以多年从事遥感成像仪器研究的经验，薛永祺很看好地面成像光谱仪，觉得它既可以是做基础研究的设备，又可以作为应对拓展需求的应用工具。2000年后，薛永祺已不在科研一线，不能申请科研经费研制该仪器。直到2006年，童庆禧团队获中科院重大仪器装备研制项目支持后，地面成像光谱仪的研发在薛永祺的主持下迅速开展。2009年，我国有了首台地面成像光谱仪的样机。

当时，薛永祺要从仪器角度实现地面成像的效果，有许多技术难点需要克服：要达到精致的成像，需要推扫或摆镜成像，都需要高精度的控制。最终薛永祺研制成功的地面成像光谱仪是在国内外首次实现了纳米级光谱分辨率、毫米级空间的成像光谱仪器，这可以说是创造了一项纪录。当时中科院组织的鉴定评价是：这台基于高精度摆镜扫描成像的地面成像光谱辐射仪是国际先进、国内领先，在国内首次实现毫米级空间分辨率和纳米级光谱分辨率成像。鉴定的结论认为这台仪器填补了相关领域的空白。这台地面成像光谱仪的硬件研制由薛永祺亲自操刀，很多部分都由他亲自做成。即使到了现在，国内外有类似的光谱成像设备，但是始终没有达到这台仪器成像方式、工作模式的水平。

薛永祺认为，地面成像光谱仪、飞机上的机载成像光谱仪、卫星上的星载成像光谱仪是三个不同的遥感平台，但三者关系紧密：地面成像光谱仪是从距离地面1.5 m的高度来成像；机载成像光谱仪是在几百米、几千米，甚至上万米外高空来拍摄成像；星载成像光谱仪更是远在几百公里之外对地面进行成像。薛永祺后来研制的小型化地面光谱仪，长十几厘米，重量仅一千克，分辨率可达1个毫米：一朵花里有三片花瓣还是五片花瓣都可以分辨出来，草坪上红花、黄花、蓝花颜色都可以在图像上看出来。薛永祺团队还将地面成像光谱仪设计成地面、飞机兼用型。在飞机是靠飞机飞行运动进行推扫成像；摆到地面上，用一个三脚架架好，前面加一个扫描件（代替了飞机的运动，由计算机控制），这样就可以在地面静止情况下通过摆镜扫描进行成像。目前遥感界的共识是，地面成像光谱仪对图像处理的基础研究，对分析图谱合一进而建立相应的分析模型是非常好的手段。

东华大学知道上海技物所有地面光谱成像仪后，该校纺织学院的老师拿了迷彩服到技物所实验室来做试验，想验证制作的迷彩服的使用效果。由于迷彩服的伪装效果，放在草地中，用传统方式从飞机上看根本分不出哪是真草，哪是迷彩伪装，但通过地面成像光谱仪就很容易能看出迷彩服和草地的区别。

- **农业、健康将深受其惠**

地面光谱成像仪研发成功后，中科院遥感所张立福等研究人员做了大量的应用试验。先是用在食品安全检测上，如冷鲜肉冻的时间长短监测、种子的识别、牛奶的识别，还有小麦、玉米等农业定量遥感应用，以及军事上的应用，都取得了大量的成果，发表了很多的SCI论文。原来他们做地面遥感建模时都需要购买国外现成的光谱仪，测了以后得到一根谱线，没有图像，不知道具体对应的地物是什么，而且如果地物多的话肯定得到的光谱是混合光谱，不精准。有了上海技物所研发的地面成像光谱仪，就实现了对植被、农作物的精准探测。国内也首次实现了对作物冠层结构的光谱探测，可以看叶片的结构光谱，叶片的阴阳面、叶子的新老程度、叶子的上下叠加等都可以看得很清楚。此外，张立福团队曾利用地面成像仪研究过牛奶和三聚氰胺，有三聚氰胺的牛奶和不含三聚氰胺的牛奶的谱线是不一样的。

地面光谱成像仪能为我国的精细农业提供农作物细部的遥感数据，这对估算农作物产量，了解农作物病虫害、品质、施肥的状况等都成效显著。比如，水稻、棉花、小麦、马铃薯、高粱这些主要作物的生长周期为半年，在生长过程中要检测，根据长势随时加以干预，通过地面光谱成像仪可以早做预案、及时补充水分和肥料，并做好很重要的防治病虫害工作。如果不进行早期预警，一旦发生病虫害，没有及时用药，有可能导致颗粒无收，运用地面成像光谱仪可以进行实时监测。

目前我国已经有精准农业的课题，并且有定期的学术讨论会，国内对精准农业更关注的是农药残留，未来会有对作物和水果质量、品质的更多需求，这些都是地面成像光谱仪可以大有作为之处。

目前，薛永祺与张立福正在进一步研究将地面成像光谱仪放在无人机上的可能性。这种装载成像仪的无人机在精准农业上应用空间会很大，根据获取的数据可以指导精准农业，给农业部门提供精细的农作指导。农业施肥应用方面，河北有一个农业部门已有了一个示范，通过地面成像光谱仪进行精准施肥，化肥的使用量降低了20%～30%，减少了对环境的破坏。

地面成像光谱仪自研制成功后仍在不断精益求精改进中，最新版第三代设备集成了智能算法，通过大屏幕可以实时显示计算结果，目标探测应用时，可以做到扫描影像与大屏幕显示探测结果基本同步。2015年，该款具有实时探测功能的地面成像光谱仪在深圳

在遥感仪器总调实验室工作　　　　在实验室指导博士生（左一：薛永祺）

中国国际高新技术成果交易会上展出后引起轰动，很多观众驻足观看，影响很大，被评为中科院优秀参展项目。

3. 为文物保驾护航：成像光谱仪的新延伸

薛永祺带领研制的成像光谱仪主要应用于找矿和农林水领域，这两个用途主要涉及近红外到短波红外波段，实际上主要是可见光。成像光谱遥感找矿，其本质是探明地质结构，而矿的结构是整个地质结构的一小部分；在扫描过程中如发现某个地方可能有矿，再用多种手段具体探明。

成像光谱仪应用于考古，便是从找矿这一方向上延伸的。文物古迹拥有千百年的历史，其中较为常见的有铜器，铜生锈后生成的氧化亚铜或者氧化铜属于矿物；此外，古人常从自然界中取用如朱砂等自然矿物作为颜料在器物上绘画。而成像光谱仪中的高光谱分辨率不仅可以看图像，还可以看成分，对探查地下古迹、修复壁画文物、鉴定文物等大有作用。

2005年前后，文物部门知道上海技物所薛永祺团队有这样的技术后就和他们联系，双方有过多次讨论。2007年，薛永祺团队用地面成像光谱仪对国家文物局考古挖掘的墓葬进行断面扫描，分析其各层成分，成效颇佳。后来薛永祺在内蒙古鄂尔多斯建立院士工作站期间，有人提出可以用成像光谱仪技术研究一下当地的阿尔寨洞穴关于成吉思汗遗物的具体情况。

2008年，国家文物局安排薛永祺等人前往敦煌考察敦煌壁画。成像光谱技术对研究壁画大有作用，因为壁画本身就是一个图像，通过高光谱可以知晓作画的原矿物材料，这对壁画修复大有裨益。但由于诸多原因，最后没有开展具体任务。

国家文物局也曾就运用高科技手段为文物保护提供支撑开过几次会，国家文物局科技司专门邀请薛永祺参加。科技司的工作人员告诉薛永祺：随着污染不可阻挡地加重，故宫博物院中有许多文物要抢救；目前文物保护有一条途径——电子化，即建构文物的三维模型。后来，薛永祺和童庆禧的合作团队跟故宫博物院合作，利用成像光谱仪扫描国宝级的字画和唐卡。短波红外可以发现破损处、霉变处，高光谱可以分析原料成分，为后续专业人员的修复、维护、保养等工作提供指导性依据。

遥感科技已经从传统的地矿、地貌、地质，应用到许多生活领域，如文物鉴定、公安刑侦，食品安全等。如今下载一个手机App，人们在家里就可以看到食品光谱设备，外出吃饭一拍照，就知道这是不是地沟油，是不是注水肉，是不是勾兑酒了……这些检测设备都已研发成功，正在进行成果转化。

第七章 服务国家，殊途同归

参与北京一号卫星立项、成立院士工作站、参与社会科普等工作和活动，是薛永祺退下科研一线后不一样的科学奉献，多方面地为民生提供科技服务。

仍然发光发热，仍然为国为民。何思何虑，殊途同归。

1. 倡建国家航空遥感科学工程

薛永祺长期担任上海技物所第二研究室主任，也是科技部、中科院多个重大专项的负责人和首席科学家。无论是研究所的使命，还是他承担的任务，都使他对满足国家层面、科技领域的战略性需求，满足社会、产业界的具体技术难题需求有当仁不让的意识。1999年，薛永祺当选中国科学院院士，院士的头衔除了给他荣誉，更加深了他在参与国家科技重大战略咨询，服务社会、产业和企业的技术需求方面的责任感。如今，年已八旬的薛永祺依然活跃在科技咨询、服务的一线。

2000年以后，我国航空遥感体系还远不完善。微波、可见光、多光谱、高光谱，包括激光的遥感，国内都已有技术基础，但是系统性、完整性远远不够。仅有的两架遥感飞机容纳空间较小，装载的仪器数量有限，与国际上一些国家相比还有较大差距，比如美国的约翰逊航天中心和肯尼迪航天中心、加拿大的国家遥感中心、意大利的空间局，它们都有专业的、大型的遥感飞机。同时，国内希望遥感在国民经济中发挥更多、更大作用的呼声也日益高涨，许多与国民经济和国家可持续发展息息相关的大型调查都需要遥感技术来支持，如土地利用调查、森林调查、水源地调查、三北防护林调查，以及自然灾害发生后的受灾情况调查等，都缺少准确的、科学的数据。

有感于此，薛永祺、童庆禧等遥感领域的院士们相聚讨论如何针对国家资源调查、防灾减灾等在第一时间获取数据、采取措施，最终形成建议：在国家层面集纳各方资源筹建大型体系化的国家航空遥感科学工程系统。薛永祺、童庆禧等在反复论证后，于2004年5月拟定了一份几十万字的题为《国家航空遥感科学工程项目建议书》的报告，并征集了几十位院士签名，递交至国家发改委、中科院。这份有高度、更有可操作性的建议报告引起相关部门的高度重视，不多久，国家发改委同意此项目作为国家重大科技基础建设项目专项立项，投资12亿，由中科院牵头实施，技术统管由中科院电子所负责，用户单位为中科院遥感所。上海技物所具体承担国家重大科技基础建设项目中航空遥感系统里的两个载荷项目："宽谱段高光谱成像仪HK-H-04"和"推帚式高光谱成像仪HK-H-05"。

2021年7月22日，由中国科学院空天信息创新研究院承担的大

宽谱段成像光谱仪第二次试验飞行装机情况

与宽谱段成像光谱仪第二次试验飞行部分项目组人员留影（右三：薛永祺）

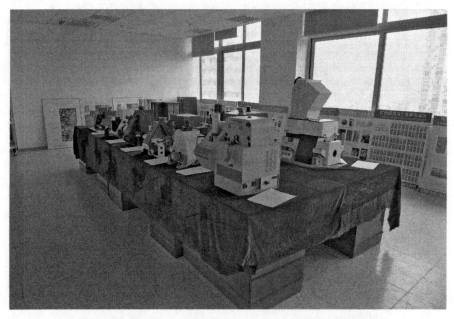

迎接航空遥感系统总体调研陈列的上海技物所部分航空遥感仪器

科学装置航空遥感系统顺利通过国家验收，投入正式运行，并将对各领域用户开放。

附：国家航空遥感科学工程（摘选项目建议书部分内容）

项目建设的意义和目标：国家航空遥感科学工程是国家对地观测体系的基本组成部分，与航天遥感系统共同构成国家对地观测体系的两大支柱，是我国未来20年急需发展建立的国家级航空遥感系统。

国家对地观测体系实质上是一种对地观测的信息体系，其基本功能是有效地获取、分析国家的环境和资源信息，使之能在国家的经济建设和发展中得到有效应用，它是国家信息化建设的重要组成部分。

随着历史的演进和科学技术的进步，人们逐渐认识到，国家的经济建设和社会进步，必须遵循全面、协调、可持续性发展的原则。对地观测信息体系可以全面、及时地向国家和社会提供准确的环境与资源信息，为制定国家和地方发展规划，为解决国家资源、环境、生态建设中的重大问题提供基本的科学依据。

与航天遥感相比，航空遥感具有运行方式灵活、短时间获取大面积高分辨率数据、高分辨率图像成本低、易于实现高分辨率立体观测等优势，同时航空遥感系统又是发展航天遥感系统的重要技术平台。航空遥感和航天遥感是构成国家对地观测体系的两大支柱，它们各具优势、互为补充，不可相互替代。

当前，我国在经济建设和社会发展中对遥感数据的需求，不仅数量很大，时间急迫，而且要求的遥感数据质量越来越高。在地区域和城市规划；基本地图的测绘和更新；国土资源现状的动态变化调查；森林和农田的现状和动态变化调查；基本农田的保护；自然灾害的监测、评估、预测、预报和预警；大型工程项目的论证、设计和预后监测；海岸滩涂的利用；海洋权益的维护等应用领域，都急需按地理空间的遥感信息的支持。

建设完整的航空对地观测系统，首先要建成以高、中空飞机遥感平台为中心的航空遥感系统。该系统包括：大、中型航空遥感专用飞机，可执行中、高空业务飞行；综合航空遥感系统，传感器种类齐全、性能先进、可完成科学实验和业务运行的两类遥感飞行；遥感数据处理系统，适应多种应用的需要；环境与资源遥感数据分发系统，面向全国，面向各类用户；地面验证和检测系统，机动灵活，保证遥感仪及其数据的准确度和精确度。

国家航空遥感科学工程建设的总目标是：通过5年时间，建立一套由多种高性能遥感器综合集成的先进航空遥感系统，使其成为国家信息化建设和经与社会可持续发展的科学数据保障源；成为提高和发展遥感信息科学与相关技术的实验平台；成为开展地球系统科学研究的有效技术手段。

2. 参与北京一号卫星立项建设

薛永祺会根据自己的科研学识和学术经验为国家科技发展献言献策，参与北京一号卫星载荷的立项就是其中一例典型。当时，童庆禧联系薛永祺，请他为北京一号卫星的传感器把关，主要是两个光学传感器，一个是4.1米分辨率，一个是32米分辨率，3个波段、600千米幅宽。于是，薛永祺作为唯一一位北京一号卫星专家委员会的京外专家，参与了从赴英国萨里大学进行技术谈判，到技术验收的全过程，涉及两个载荷。他的学生、现在的二室副主任刘银年也参与其中。值得一提的是，北京一号卫星是一个民营项目，地面站、接收、传感器等全部由民营公司自主运行。

英国萨里大学在国际上有较大名气，该校有一个宇航中心，以做小卫星著称，而北京一号卫星的定位正是小卫星，项目组希望能与该中心合作。根据项目组计划，除了地面站由中方自己研制，卫星的载荷和设计的要求由中方提供数据，委托萨里大学定制。中方提供了详尽的两个载荷卫星的各项数据，包括轨道、配置的仪器、仪器的结构、分辨率、尺寸等。于是在第一次探访后，薛永祺跟童庆禧强调：不论是4.1米还是32米分辨率，必须做在轨测试。意思是，卫星入轨后，中方在地面做靶标形成人为尺寸，观察卫星下来后的图像是否清楚。于是双方第一次商谈时，童庆禧向英方提出了最终验收要做地面靶标测试的要求。

4.1米的载荷委托了后来被萨里大学收购的塞拉公司定制。薛永祺和童庆禧对这家公司的情况并不清楚，便请大使馆的科技参赞安排他们以用户的身份到该公司去访问一天。参观后，两位中国院士非常感慨，他们具备的条件是我们根本无法相比的，譬如CCD器件，一百个为一板，该公司有三板，而这个器件西方国家对我国是技术封锁的，我们一板都买不到；制作载荷时几个就够了，而他们有几百个以供挑选。也因此，二人认为这家公司是有技术保障的。

参观塞拉公司的那天，薛永祺和童庆禧原计划搭乘当晚八九点的航班回国。不巧的是，当天整个欧洲的航班发生了故障，所有航班都无法飞行。他们二人起先不知道是大面积的计算机故障，一直在机场服务台等待消息；到了深夜十一点再去问，明白今天没有起飞的希望了，那么便要找住宿的地方，结果发现机场周边所有的旅馆全部住满了；想打电话给领馆，但深夜领馆也休息了，再打过去也不好意思。就这样，这两位年近七旬的老人，就在英国希思罗机场的地毯上睡了一晚。

在整星研制结束前的技术评估环节中，薛永祺与童庆禧商量请刘银年去萨里大学，因为刘银年已承担环境卫星的研制工作，具有系统的光学卫星载荷设计能力。薛永祺嘱咐刘银年这是一个学习和工作的好机会。刘银年不负薛老师的期望，认真审查有关技术资料，并对4.1米望远镜的底座安装不够牢固可能会影响到望远镜性能的问题及时做了提示，事后了解萨里大学接受了他的意见并做了改进。

2005年，北京一号卫星由俄罗斯火箭发射升空，据说，发射过程惊心动魄。在那次发射的一箭九星中，半空中就掉了6颗；北京一号卫星是幸存入轨的三颗卫星之一，并且是最好的，入轨以后运行良好，之后还延长了寿命，直到2014年才失效。

3. 热红外探水温，助力安全措施

国际上用红外遥感监测核电站的温排水是保证核电站安全运行的重要技术支撑。核电站在运行中需要依靠不断循环的水流进行降温，排出来的冷却水便是温排水；建在海边的核电站排出的热水比海水温度高，温度升高的温度场与季节、气象、环境等都有关。20世纪90年代，上海技物所与苏联科学院地理所合作，薛永祺数次带领课题组前往苏联，选择与切尔诺贝利核电站类似的科尔恰托夫核电站做温排水遥感试验，薛永祺也因这次合作对核电站温排水有了深入的了解。

之后，温排水监测在国内也越来越受到重视。核工业航测遥感中心、连云港田湾核电站和杭州湾秦山核电站等在了解到上海技物所的遥感技术可以实时监测核电站运行中的温排水后，都主动寻求遥感专家给予支持。应核电站运行单位的邀请，事关核电安全，薛永祺坚持亲自前去查探研究，并根据每个核电站的实际运行情况提出温排水遥感试验的技术方案。因为监测中要考虑各种各样的因素，如核电厂周围一年四季的温差、海水潮位的起伏落差等，这些都会对温排水的温差有影响。

薛永祺深知核电站的温排水如果不正常，肯定是一个隐藏事故的苗子。他在查探了国内多家核电厂后，综合了不同环境下的核电厂实际运行情况，提出建议：随核电站发展，需配备相关设备进行温排水探测，并将其作为核电站常规检查的必要设备和手段。前

考察田湾核电站

2019年参观核工业航测遥感中心博物馆（前排右四：薛永祺）

期可用卫星资料，如卫星分辨率不够，再用飞机。因为飞机遥感飞行，海面还要安排船只进行同步测量，但费用昂贵。

目前，在上海技物所薛永祺等的建议指导下，核电厂的温排水实时监测在我国已经成了常规措施，核电厂的扩建、检修运行等都要有温排水温度场的监测数据；热红外成像仪及无人机遥感模式也已被越来越多的核电企业接受，成为核电系统一个标准的运行模式。这正是薛永祺及其团队为国家核电安全提供的专业帮助。

4. 院士工作站：乐为助推人

薛永祺多年来一直在以个人的方式支持相关的行业或企业，帮助他们解决一些棘手的难题。科技部、教育部、国务院国有资产监督管理委员会、中国科学院、中国工程院、国家自然科学基金委员会、中国科学技术协会联合发文《关于动员广大科技人员服务企业的意见》（国科发政〔2009〕131号）组织动员广大科技人员深入一线服务企业。

主要服务民营企业和中小企业的院士工作站在实际操作中应运

参加浙江格普新能源科技有限公司院士工作站授牌

而生：在省级科协组织的安排下，由某位院士组成院士专家工作组进驻某个企业或项目，双方事先签好合作协议，包括进站院士及科技专家在一定条件下、一定期限内帮助企业解决的具体问题，以及企业在合作过程中提供的各类科研条件等。2000年后，院士工作站建设步入多元化快速发展期，出现了院士专家工作站、院士企业工作站等形式，从省级院士工作站逐渐扩展到某个具体企业的院士工作站。

对成果转化意愿非常强烈、提出的需求是在自己的专业和能力范围内的基层企业的邀约，薛永祺秉持宁缺毋滥的原则尽可能地支持。一方面，中国科协、中科院、工程院等都已为此发过文要求院士们给予大力支持；另一方面，他从自己长期与科技系统、企业研发部门交往的实践中深感中国企业，尤其是很多中小型民营科技企业，它们的创新能力普遍较弱，如果自己能在力所能及的范围中给予这些急需帮助的企业一点指导，帮助一家濒临险境的企业起死回生，他非常愿意伸出援助之手。

江苏是薛永祺的老家，也是院士工作站开展得比较活跃的地方。薛永祺在江苏参与的院士工作站于2012年落在江苏润源控股集团有限公司，当时这家企业的主打产品经编机、双针床经编机、整经机等已远销东南亚。企业碰到的困难是如何在瞬间精确定位5米宽门幅内每0.5毫米排列的任意一根针的工作状态，因为一旦针歪了或者断了，经编机就会因此产生断线而造成瑕疵，这一检测过程之前一直依靠检验员的肉眼观测，没有任何计量检测设备，很难保证万无一失。建站后，薛永祺带领的专家团队解决了这一技术难题：利用光电技术检测针距，并且用打印机自动打印结果，一旦发现针走岔了，计算机马上发出警报并做好标记，又接着往下检查，检查完成后计算机自动处理结果并由打印机自动打出。润源经编有限公司研制的多款缝编机、多梳栉经编机、轴向经编机、双针床经编机等产品，各项技术性能指标均达到国外同类产品的先进水平，打破了国外发达国家在高档经编机领域长期垄断的局面，成为国内经编机行业的领军企业。

2010年12月，北京二十一世纪科技发展有限公司院士专家工作站授牌，进站科学家除了此前已开展过多个课题合作的童庆禧和薛永祺两位院士，还有迟耀斌研究员以及英国皇家科学院院士马丁·斯维汀爵士，该站也是北京市首个引进外籍院士的工作站。进站院士、专家对于公司的诸多项目都给予了指导，使该公司在带动我国空间信息产业发展，提高我国遥感数据的自给率，促进各行业遥感业务应用方面又迈出了一大步。

2011年11月，于中国科协年会在福州召开之际，由福州市科协牵头推动的4家院士企业工作站同时揭牌，其中就有薛永祺参与的福建星网锐捷通讯股份有限公司院士工作站。双方签订了"基于工业以太网的红外监控领域产品研发"项目合作协议。星网锐捷是一家主要研发居民区的火灾预防、安防监控等夜间及气候条件恶劣情况下红外成像技术产品研发的企业。此次建站，公司是希望借助薛永祺团队致力于红外领域的技术研究，开发系列红外监控领域产品。

2014年，内蒙古自治区首个光电产业院士专家工作站落户鄂尔多斯荣泰光电科技有限责任公司，童庆禧、薛永祺两位中科院院士及以李昌教授领衔的团队进站。建立该站的初衷是为蒙古包提供稳定的能源。过去，地处偏远的农牧民家庭居住的蒙古包普遍使用小型风光互补发电设备，发电量仅限于照明和看电视。院士专家团队结合当地的文化、环境、气候等条件，在国内首创太阳能薄膜电池的异形使用技术，自主研发了适用于蒙古包的小型光伏发电站设备。这套能解决蒙古包用电需求的柔性太阳能电池发电技术及装备，属于一次投入、长期受益。这套设备的发电功率在1 500～5 000 W，克服了传统小型风光互补发电系统电量低、不能用于农牧业生产的弊端，且操作简易，牧民随时可以动手拆装和维修，解决了牧民迁移发电设备无法带走或需要专业人员拆装的问题；同时又保留了传统蒙古包的独特造型，受到了牧民群众的欢迎。这样一套适用于三分之二蒙古包的太阳能发电装置的成本仅约10万元，加上维修等费用，总价不超过20万元。这些由驻站的李昌教授开发的装置使用后的社会反应良好，全国妇联对其十分重视，曾有意向成套订购作为支援老少边穷地区的技术装备，鄂尔多斯荣泰光电有限责任公司也准备承接来自国外的订单。

院士工作站验收证书

2015年9月，在上海市科协主持下的上海热像机电科技股份有限公司院士专家工作站揭牌。薛永祺与该公司结对，协助他们拓展红外热像技术的市场。建立该站是希望将红外遥感技术更多地应用到民用领域，如无人机搭载红外热像遥感装备为太阳能电站的电池板故障检测和红外夜视仪为特殊用途车辆提供导航等。在该院士工作站运作一年多时间里，该公司推出了全球第一台基于安卓智能手机的专业测温型热像仪,还研发了内置防火报警智能算法的热像探测器,并获得了科技部创新基金支持。

尽管2010年以后,参与院士工作站、为企业和行业解决实际困难成为他的一项工作,但是薛永祺本人直接为主参与的院士工作站其实并不是很多,他始终严格遵守有关文件的约定:同一时期省一级的院士专家工作站不超过三个。薛永祺评上院士、离开科研一线后,除了帮助完成上海技物所相关课题外,也希望更多维度地发挥余热。只要企业有需求,应该给予支持。有了院士企业工作站这种形式和平台,可以发挥院士专家的专业能力为企业解决实际问题。

5. 科普的力量

• 热心科普的名誉理事长

近年来,中国科学界打破了以往的思维定式,不再认为做科普的是在科研上无所创新的专家,科学界与科普的密切度越来越高。一方面,许多科学家都意识到向社会公众特别是青年学子普及科学,在他们心里种下科学种子的重要性,所以尽管科研任务重,也

做科普报告

愿意抽时间做科普；另一方面，社会各界对科普的需求越来越多，每年各个地方、各个学校都会举办许多科普讲座、报告会，都希望请到知名度较高的科学家来主讲。薛永祺正是热心科普且擅长科普的科学家中的一位。至今，他从事科普工作已有二十余年。2015年，薛院士和从事植物生命科学研究的陈晓亚院士并列获得由上海科普教育基金会颁发的年度科普杰出人物奖，这个奖项创办于2011年，是上海知名度和影响力很高的一个科普奖项。

1999年之前，薛永祺参加过一些科普活动，如应邀到一些中小学做"红外线的发现与应用"科普报告，接待学生参观实验室等。上海技物所所在的上海市虹口区区内自然科学单位不多，有院士的单位更不多，于是区科协就想请一位上海技物所院士到新建的科普志愿者协会担任理事长，所党委书记郭英遂推荐了薛永祺。但由于薛永祺科研任务繁重，没有精力再担任理事长这一同样事务繁多的实职，但只要有科普需要，他一定全力相助。双方合作、协商了一段时间后，2006年9月，薛永祺正式受聘为上海市虹口区科普志愿者协会名誉理事长。

自此，薛永祺一定会参加每年5月的全国科技周活动，做遥感科普方面的报告。一般的科普活动很难请到院士做报告，而在航空遥感领域亲身参与众多重大工程的薛永祺热心和善于做科普，虹口区科协为了扩大科普影响力，和苏州、无锡、杭州等地的科协联手举办了"长三角院士科普行"，薛永祺基本上都参加。几年下来，长三角区域的太仓、常熟、张家港、常州、无锡、苏州、杭州、启东等地的学校、机关、企业、军营等各种场所都有他的足迹，他的遥感科普报告也成为"长三角院士科普行"的一个亮点。

从担任虹口区科普志愿者协会名誉理事长以来的十余年里，薛永祺在科普上投入了诸多精力。2017年5月19日，全国科技周活动开幕式上科学家走红毯活动，薛永祺作为上海科技界的代表手捧鲜花走在红毯上的场景经荧屏、报纸报道，更多人一睹了薛永祺庄重而不失炫酷的科学老顽童形象，很多科粉们纷纷点赞，这也体现了薛永祺在科普上的奉献是为社会所认可的。

● **科普的价值**

尽管已经不在科研一线,薛永祺仍是科学院和上海技物所多个重要项目的顾问,也是多家院士企业工作站的进站科学家。与此同时,他还承担每年近15场的科普讲座,而且乐此不疲。

当被问及"为何愿意在科普这件几乎没有任何经济回报的事情上花费这么多精力?"时,薛永祺坦诚相告,最大动因和他出生在文化水平不高的农村有关。在薛永祺的记忆里,小时候农村里的迷信活动和行为很多,他的第一个妹妹就是因发高烧得不到科学救治而夭折的。1949年后,农村的物质生活有所好转,但是很长一段时间里农村缺乏科学文化,村民素质相对较低的基本情况并未得到很大改善。每年都要回乡一两次的薛永祺看到村民们丝毫不知如何安全使用农药,如有些浓缩的剧毒农药直接用手碰触,造成无可挽回的后果,也不知道防治农作物病虫害的基本常识。另一个动因则是对反科学思潮的忧虑。21世纪以来,国内外都出现过一阵阵反科学的思潮。他在科研实践中感受到很多人对科学有很多误区,而这些误区的存在对科学发展是很不利的。譬如很多人觉得花大价钱建造

在中学母校作报告

卫星毫无必要，诸如此类的还有磁悬浮建设、通信基站建设等，每建一个都会遭遇抵制。作为一个普通人，薛永祺其实很理解这些想法；作为一个科学家，薛永祺深感提高人民的知识水平、科学素养是非常紧迫的一件事，认为自己有责任传递正确的科学信息。同时，薛永祺认识到自己既是一个科普工作的热心参与者，但同时也是一个需要被科普的对象，因为有许多其他专业的问题也是因为在科学普及和传播上做得不到位，以致误区多多，他也会在其中犯错。

尽管薛永祺知道做科普追求的是润物细无声的长期效益，但有一个数据还是令他很振奋。上海技物所在启东有一个遥感工程中心，启东同时也是"长三角院士科普行"中的一站，所以薛永祺到启东中学去做过一次《空中看地球》的遥感科普报告。后来启东中学校长对他说："您到我们那里做过报告后改变了我们学校从无学生报考北京航空航天大学的历史。我们启东中学的学生之前还不知道有卫星遥感这件事，您做了报告以后，我们当年应届考生中有三个报考了北京航空航天大学，而且都被录取了。要感谢薛院士的报告改写了我们学校这项纪录。"

薛永祺越来越感受到科普这件事如能做到入耳入心，并且社会

在2021年张家港科普活动周开幕式上向学生赠送科普书籍——《把你看得更清楚：红外探测技术》（薛永祺等编）

各界都积极推动，就会对国家的长远发展起到难以估量的促进作用。此前，华东师范大学出版社要策划出版一套院士和中小学生面对面聊科学的丛书，为此组织了几次院士和小学生交流的活动。参与过程中有位小朋友问薛永祺："您在小学、中学里面是不是学霸？"他回答说："我不是学霸，我是成绩及格就求之不得了。""那您是怎么评上院士的呢？"小朋友紧追不舍。这样就引出薛永祺对自己成长经历的讲述，因为面对的是小朋友，所以他会尽可能说得浅近一点，多讲点故事、趣事。薛永祺也从中了解到小朋友的一些想法，他们绝大多数对科学还是很向往的，越是年纪小的孩子对科学的好奇心越重，科普越是能够鼓励他们走向科学。

- **科普受欢迎，讲座有诀窍**

薛永祺的科普报告为听众所喜爱，受到广泛好评的同时，收到了极佳的科普宣传效果，总结而言，他有三个诀窍。

其一是薛永祺做的遥感科普PPT图文并茂。科普报告PPT都是他亲自制作的，参加国际会议时看到好的内容就有心采集，有不少图片国内是不太看得到的。

其二是他的科普报告内容因人而异。他会在科普报告前先琢磨听众的特点，如有些报告面向的对象是社区居民，薛永祺便会结合新近时事热点谈自己的想法，引起听众的兴趣后巧妙地开始科普。他还有一个基本的PPT模板，根据不同的听众调整不同的报告内容和报告题目。如果是即将毕业的大学生，那很多数学公式、物理概念等就要放进去。如果是大学一二年级的学生，专业知识还不是很牢固，就把公式简化或直接呈现结论，不多讲物理概念，重点说其作用，如讲已经普遍使用的成像光谱仪，就会讲为什么要做成像光谱仪、它能解决什么问题，还会涉及光谱信息，什么矿对应什么光谱等。对于希望提高技术的研究人员，薛永祺在讲解中就会增加较多学术内容，包括光电遥感技术应用。实际上，仅光电遥感技术的介绍，薛永祺针对不同的专业听众就准备了三个版本。

其三是他能用通俗的语言讲解学术内容。从多年科普的经历中，薛永祺体会很深的一点是：越是深奥的学术内容，越要用生动的语言、简练的方式说清楚。以讲解遥感的概念为例,字典上对遥感的解释就是"远距离看",而薛永祺则会说:我们的眼睛就是遥感的传感器。以"眼睛"作为切入点展开后续的科普。很多时候,薛永祺还会向听众提问题,看看听众的反应,以此推断此次科普报告的成效。

也因此,薛永祺优秀的科普报告获得了第三方的高度评价。

上南中学:薛院士外表和蔼,思路敏捷,用浅显易懂的语言为我们介绍了一种美丽而实用的技术——遥感。这种原先只有在神话传说里才能看到的"千里眼"能力如今成了现实……我国的航空航天、中微子、可控核聚变、量子计算通信等达到世界先进水平的领域,在像薛院士这样的科学家的努力下有了很大的成就,在向他们致以崇高敬意的同时,还有很多高新的科学技术有待我们去突破、去实现。

虹口区科学技术协会:薛永祺院士从遥感技术的发展现状到遥感技术对国家资源调查、环境监测、应对自然和人为的灾害中起到的作用,以通俗的语言、生动的实例和翔实的图片资料传播了科学技术的内涵,宣传了科学发展观。

上海市院士风采馆:薛永祺院士既是我们固定的科普教育授课专家,又是我们2013年青少年科技创意设计大赛评审委员会主任,

2020年9月10日,在深圳先进论坛上做报告

对我们开展科普宣传工作给予了非常大的帮助和支持。

上海科普教育基金会：薛永祺院士作为上海科普志愿者协会院士荣誉会员，参加院士科普活动，为不同社会群体做科学普及工作，对象由公务员、工程技术人员、产业界人员、教师、学生、社区人员等组成。主要科普内容不仅包括遥感技术的发展，在资源环境、水文气象、地质地理等领域的应用，以及学科交叉的应用前景等，也有结合其自身成长、求学、科研工作的经历，讲述"做人、做事、做学问"。他的讲课内容案例丰富，通俗易懂，贴近百姓，深受社会各界的欢迎。据不完全统计，五年来，薛永祺院士累计开讲50余场次，累计受益公众约万人，覆盖长三角地区。

附录　薛永祺先生活动年表

1937年　1岁
1月11日，出生于江苏省常熟县封头坝，现江苏省张家港市乐余镇兆丰街道。

1944年　8岁
9月，于江苏省常熟县泗兴小学就读。

1945年　9岁
9月，转入江苏常熟县兆丰小学就读。

1949年　13岁
7月，于江苏常熟县兆丰小学毕业。
9月，于江苏常熟县崇实中学就读。

1952年　16岁
9月，直升江苏常熟县崇实中学高中就读。

1953年　17岁
3月，在江苏常熟县崇实中学加入中国新民主主义（现中国共产主义）青年团。

1954年　18岁
9月，因江苏常熟县崇实中学撤销高中部，转入江苏常熟县沙洲中学就读。

1955年 19岁

5月，被学校选拔为留苏预备生。

7月，于江苏常熟沙洲中学高中毕业并参加高考。

8月，收到留苏预备生录取通知书，前往北京俄语学院留苏预备部报到入学。

9月，申请留在国内就读，得到组织批准，转入华东师范大学物理系。

1958年 22岁

12月8日～1959年3月8日，在上海广播器材厂边工作边学习，参加航海雷达"海王星"的仿制工作。

1959年 23岁

7月1日，于华东师范大学物理系本科毕业。

9月1日，被分配到中国科学院上海电子学研究所工作，任研究实习员。

1960年 24岁

1～5月，参加中苏联合水声考察实验。

9月，任助理研究员。

1961年 25岁

是年，组织电扫描声呐研制工作。

1962年 26岁

12月，因中国科学院上海电子学研究所撤销，转到中国科学院上海技术物理研究所第二研究室工作。

1963年　27岁

12月，携带研制的"红外测向装置（503-2）"，为参加院内红外工作会议的学部、局领导和参会人员现场演示。

1964年　28岁

是年，参与研制的"红外测向装置"获1964年国家计委、国家经委和国家科委联合颁发的全国工业新产品展览会二等奖。

1965年　29岁

5月，考察我军在海南岛上空击落的美制F-4B飞机上装备的红外雷达残骸。

是年，被确诊为肝炎。

1966年　30岁

6月，被贴大字报，被打成"反动分子"，无法进入实验室工作，接受监督检查。

1967年　31岁

6月10日，与姚素珍结婚。

是年，参与"岸对海红外激光雷达（代号G-134）"红外部分研制工作。

1972年　36岁

11月，负责研制"大兴安岭森林探火航空红外扫描相机"。

1974年　38岁

5月，参加在北京举办的日本农林水产展览会有关遥感仪器的技术座谈。

1976年　40岁

是年，携"航丁-41红外相机"参加由中国科学院地理与资源研究所组织的唐山地震地区热异常探测试验。

1977年　41岁

9～10月，改进的"具有内定标的热红外扫描仪"在新疆哈密地区进行探测富铁矿的航空遥感试验。

1978年　42岁

1月27日，参加接待墨西哥遥感代表团，负责机载红外扫描仪的现场演示。

9月，接到"关于中法联合进行航空遥感试验"的通知，负责"热红外多光谱扫描仪（HS3B）"的研制。

12月21日，参加由中国科学院组织的云南腾冲地区首次大规模航空遥感联合试验。

1979年　43岁

4～5月，作为中国遥感代表团之一赴美国考察遥感技术。

12月，任中国科学院上海技术物理研究所第五研究室副主任，副研究员。

1980年　44岁

3月，负责研制"DGS航空多光谱扫描仪"。

1981年　45岁

10～11月，在北京参加第二次亚洲遥感大会。

1982年　46岁

3月，负责研制"红外细分光谱扫描仪"。

1984年　48岁

6月13日，加入中国共产党。

6月，任中国科学院上海技术物理研究所第二研究室主任。

10月，携"红外细分光谱扫描仪"赴美国纽约GER公司，在美国西部地区进行遥感探矿试验。

1985年　49岁

6月，随中科院航空遥感技术考察团赴美国塞斯纳飞机公司，采购飞机并负责安装扫描仪所需的飞机改装。

11月，按国家海洋局"海洋油污染航空遥感执法监视监测系统"的建设要求，落实了"红外/紫外（IR/UV）扫描仪"的研制合同。

是年，负责研制的"腾冲区域航空遥感应用技术"相关成果获国家科技进步二等奖。

1986年　50岁

5月，任研究员。

是年，负责研制的"航空多光谱扫描仪及数据通道数字化"获得中国科学院"六五"攻关奖。

1987年　51岁

11月12日，向来所视察的中国科学院院长周光召作工作汇报。

11月23日，任中国科学院上海技术物理研究所科学技术委员会副主任。

是年，负责研制的"航空多光谱扫描仪"获中国科学院科技进步一等奖。

1988年　52岁

8月，根据中科院资环局与日本地球科学综合研究所签订的协议，主持研制的"多光谱扫描仪（AMS）"完成了在新疆库车县地区的遥感飞行试验。

是年，负责研制的"DGS多光谱扫描仪""航空红外细分光谱扫描仪"分获中国科学院科技进步一等奖、二等奖；荣获国防科工委颁发的"献身国防科技事业荣誉证章"。

1989年　53岁

7月，负责研制的"DGS多光谱扫描仪"获国家科技进步三等奖。

是年，负责研制的"航空红外/紫外双通道扫描仪"获中国科学院科技进步二等奖。

1990年　54岁

7月20日，率中国科学院上海技术物理研究所红外遥感仪器考察团赴朝鲜科学院访问考察。

9月10日，被评为1990年度中国科学院优秀研究生导师。

12月29日，被授予中国科学院"有突出贡献的中青年专家"荣誉称号。

1991年　55岁

9月，赴澳大利亚达尔文市参加中澳遥感联合试验。

10月28日，被授予第二届"上海市科技精英"荣誉称号。

10月，负责研制的"红外多光谱遥感技术在金矿调查中的应用"获中国科学院科技进步奖二等奖。

同月，获国务院特殊津贴。

1992年　56岁

10月，主持研制的"成像光谱仪（MAIS）"承担日本地球科学综合研究所在中国新疆地区遥感合作试验。

是年，获光华科技基金二等奖。

1993年　57岁

10月，主持研制的"高空机载遥感实用系统"获中国科学院科技进步特等奖。

同月，主持研制的"机载成像光谱仪"获上海市科技进步一等奖。

11月，主持研制的"机载成像光谱仪"承担美国德士古石油公司和意大利阿吉普石油公司在中国新疆实施石油前期探测的试验。

1995年　59岁

12月，主持研制的"高空机载遥感实用系统"获国家科技进步二等奖。

同月，主持研制的"机载成像光谱仪"获国家科技进步三等奖。

1997年　61岁

1月27日，"三维信息获取与实时（准实时）处理技术系统原理样机研制"项目通过中国科学院院级验收。

12月，主持研制的"机载成像光谱遥感实用系统"获得中国科学院科技进步二等奖。

1998年　62岁

8月，"实用型模块化成像光谱仪Ⅱ型（0MIS-Ⅱ型）"研制完成，并在常州地区进行遥感试验。

是年，参与研制的"推帚式超光谱成像仪"获得中国科学院科技进步三等奖。

1999年　63岁

10月，当选为中国科学院院士。

是年，为迎接澳门回归，实施"珠海、澳门地区的万分之一比例尺数字高程模型（DEM）"遥感作业。

2000年　64岁

是年，主持完成课题"实用型模块化成像光谱仪"和"机载三维成像系统"的验收。

2001年 65岁

2月，被授予中国科学技术部"863计划先进个人"荣誉称号。

8月，组织实施在日本进行"实用型模块化成像光谱仪（OMIS）"的遥感试验飞行。

11月，主持研制的"遥感信息传输及其成像机理研究"获中国科学院自然科学一等奖。

是年，推进与日本NTT DATA公司高光谱精细农业研究合作项目；组织"高光谱成像仪"赴马来西亚进行热带雨林地区遥感合作研究。

2003年 67岁

1月27日，主持研制的"实用型模块化成像光谱仪系统"获得上海市科技进步一等奖。

2004年 68岁

11月10日，获何梁何利基金2004年度科学与技术进步奖。

2005年 69岁

是年，主持研制的"轻型机载高光谱分辨率成像遥感系统"获得国家科技进步二等奖。

2007年 71岁

1月8日，中国科学院上海技术物理研究所第二研究室举办"庆贺薛永祺院士七十华诞暨学术报告会"。

2009年 73岁

是年，参加田湾核电站冷却水排放的遥感监测试验。

2010年 74岁

12月13日，参加全国文物保护科技工作会议并赴敦煌开展壁画文物保护考察。

2011年　75岁

5月，承担上海市虹口区科协主办的长三角地区科普活动，先后赴南京大学、上海海洋大学、华东师范大学等高校作学术报告。

11月23日，主持研制的"多维精细超光谱遥感成像探测技术"获上海市科技进步一等奖。

12月，获得中国科学院人事教育局颁发的2011年度"中国科学院朱李月华优秀教师奖"。

2012年　76岁

12月19日，主持研制的"多维精细超光谱遥感成像探测技术"获国家技术发明二等奖。

2015年　79岁

11月，获2015年"上海科普教育创新奖科普杰出人物"奖。

2017年　81岁

1月11日，中国科学院上海技术物理研究所召开"薛永祺院士学术思想研讨暨八十华诞学术报告会"。

2019年　83岁

1月16日，在东方肝胆外科医院接受原发性小肝癌切除手术。

5月18日，术后首次学术活动，参加张家港沙洲中学院士科普工作站揭牌仪式。

9月23日，获得"庆祝中华人民共和国成立70周年"纪念章。

2020年　84岁

9月9日，参加第22届中国国际光电博览会2020中国国际光电高峰论坛，并作《激光遥感技术与空间应用》主旨报告、《光电遥感技术与应用》分会场报告。

10月16～18日，参加"科创中国"产学研协同促进健康产业发展创新论坛。

2021年　85岁

10月16日，参加华东师范大学70周年校庆活动。

后 记

在薛永祺先生八十五华诞之际,我们将撰编的《遥感探山海——薛永祺先生学术成长记》呈献给读者。

2015年7月,我们在中国科协"薛永祺学术成长资料采集"项目的支持下,启动了薛永祺先生学术成长资料的采集工作,资料采集包括传记、专著、论文、专利、手稿、学术评价、照片、实物、口述资料等。随后,与文汇报记者共同组成采集组,按任务要求细分为大事活动年表、成长报告、口述采访、资料采集与数字化等部分。在此后一年多的时间里,我们先后采访了薛永祺的老师、同事、学生和家人,并在2016年9月,跟随薛永祺先生回到其老家张家港乐余镇进行了实地采访。采集组最终将近十万字的研究报告整理成稿,在此过程中,大家深深被薛永祺先生的治学精神和为人风骨所打动。值此薛院士八十五岁华诞之际,采集组决定完善编写并出版此书,此举得到了上海技物所领导的大力支持,王建宇院士(薛永祺先生的第一位博士生)应邀为此书作序。

我们秉实而写、言必有据,尽量保证此书的科学性和准确性,也力求文字的简练、通俗、易读;去芜存菁,真实还原薛永祺先生的学术成长过程;希望读者在阅读之时,亦能有所悟、有所得。

在此,对完成该书给予帮助的同志表示衷心的感谢和诚挚的敬意,他们是匡定波、童庆禧、王建宇、胡以华、张立福、邵晖、徐如新、舒嵘、刘银年、杨一德、施照发、赵淑华、方抗美、王跃明、亓洪兴、余伟国、姚素珍、秦江涛、薛萍、秦雪瑶、薛永春、薛永山、薛永芳、薛永香等同志。

由于编者水平和文笔能力所限，本书难免有疏漏信息和不妥之处，敬请读者不吝指正。

薛永祺学术成长资料采集组
于2021年冬

2016年9月26日，与采集组成员在母校沙洲中学门口合影留念（左四：薛永祺）

与弟弟妹妹们在祖屋前合影(右一:幼妹薛永香;右二:大妹薛永芳;右三:大弟薛永春;右四:薛永祺;右五:幼弟薛永山)

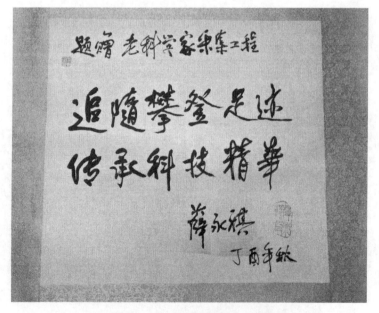

2017年秋,为老科学家采集工程的题词